普通高等教育计算机系列教材

数据可视化分析

（Excel 2016+Tableau）

（第2版）

徐鸿雁　刘　丹　主　编

龚轩涛　李　化　郑茗桓　副主编

电子工业出版社·

Publishing House of Electronics Industry

北京 · BEIJING

内 容 简 介

本书主要介绍数据可视化分析相关的知识，使用的工具为 Excel 2016、Tableau。本书使用一个模拟企业的案例数据贯穿全书，介绍了数据分析的概念及实现数据可视化的方法。读者通过对本书的学习，能够掌握数据分析理论，并能够制作数据可视化分析报告及商业智能仪表板。

本书既可以作为数据分析相关专业的教材，也可以供初学数据分析的读者使用。无任何数据分析基础的读者也可以无障碍阅读本书，学习数据可视化分析的相关知识。

图书在版编目（CIP）数据

数据可视化分析：Excel 2016+Tableau / 徐鸿雁，刘丹主编．—2版．—北京：电子工业出版社，2023.6
普通高等教育计算机系列教材

ISBN 978-7-121-45671-8

Ⅰ. ①数… Ⅱ. ①徐… ②刘… Ⅲ. ①表处理软件－可视化软件－高等学校－教材 Ⅳ. ①TP391.13

中国国家版本馆CIP数据核字（2023）第097129号

责任编辑：徐建军　　　　特约编辑：田学清
印　　刷：河北鑫兆源印刷有限公司
装　　订：河北鑫兆源印刷有限公司
出版发行：电子工业出版社
　　　　　北京市海淀区万寿路 173 信箱　　　邮编：100036
开　　本：787×1 092　1/16　　印张：11.5　　字数：280 千字
版　　次：2017 年 9 月第 1 版
　　　　　2023 年 6 月第 2 版
印　　次：2025 年 1 月第 5 次印刷
印　　数：1 500 册　　定价：40.00 元

凡所购买电子工业出版社图书有缺损问题，请向购买书店调换。若书店售缺，请与本社发行部联系，联系及邮购电话：（010）88254888，88258888。
质量投诉请发邮件至 zlts@phei.com.cn，盗版侵权举报请发邮件至 dbqq@phei.com.cn。
本书咨询联系方式：（010）88254570，xujj@phei.com.cn。

前 言
Preface

大数据开启了一次重大的时代转型，在这个数据量呈爆炸式增长的社会，无论是管理者、经营者，还是政策的制定者，都面临着如何管理好数据、发现数据中的规律，以及如何从数据中获得价值的问题。也就是说，数据分析技能已经成为未来必不可少的工作技能之一。读者通过对本书的学习，能够洞悉数据背后的意义，并能够用随手可及的工具进行数据可视化分析，轻松应对时代转型。

本书共分为 7 章，包括数据分析概述、案例背景、数据处理、数据分析方法、数据展示、数据可视化分析报告及商业智能仪表板，对各个知识点的讲解都配有案例，并使用 Excel 2016 来实现。在商业智能仪表板章节同时使用 Excel 2016 和 Tableau 来实现。

本书使用模拟企业案例（案例数据涉及人力资源、商品库存、商品销售 3 方面）贯穿数据分析理论和概念，并结合相关专业知识进行数据分析及可视化，制作数据可视化分析报告及商业智能仪表板。

通过对本书的学习，读者可以具备以下能力。

懂分析——能够掌握数据分析基本原理和一些有效的数据分析方法，并灵活运用到实践中。

懂工具——能够运用 Excel、Tableau 进行数据分析，制作数据可视化分析报告及商业智能仪表板。

懂设计——能够运用图表有效表达数据分析的观点，使分析结果一目了然。

本书由徐鸿雁、刘丹担任主编，由龚轩涛、李化、郑茗桓担任副主编。同时，西南财经大学天府学院智能科技学院和现代技术中心的各位老师为本书提供了许多帮助。在此，编者对以上人员致以最诚挚的谢意！

为了方便教师教学，本书配有电子教学课件，请有此需要的教师登录华信教育资源网（www.hxedu.com.cn）注册后免费下载。如果有问题，可以在网站留言板留言或与电子工业出版社联系（E-mail：hxedu@phei.com.cn）。

　　虽然我们精心组织，努力工作，但疏漏之处在所难免。同时，由于编者水平有限，书中也存在诸多不足之处，恳请广大读者批评指正。

编　者

目 录
Contents

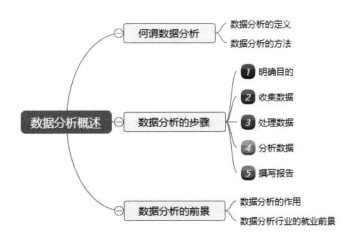

第1章

数据分析概述

学习目标

（1）掌握数据分析的基本概念。

（2）了解常用的数据分析方法。

（3）了解数据分析的步骤。

（4）了解数据分析行业的现状。

（5）培养学生诚信做人品质。

知识结构图

数据分析概述
- 何谓数据分析
  - 数据分析的定义
  - 数据分析的方法
- 数据分析的步骤
  - 1 明确目的
  - 2 收集数据
  - 3 处理数据
  - 4 分析数据
  - 5 撰写报告
- 数据分析的前景
  - 数据分析的作用
  - 数据分析行业的就业前景

1.1 何谓数据分析

数据是指以时间为轴，记录人物、地点、事件和方法等生活各个维度的数字字符。随着时间不断累积，科技、生活观念等的变化，数据会呈现出不同的特性。消费者去商店使用现金支付的方式购买了一件心仪的衣服，商店的日销售报告中就记录了此次交易的金额、数量及衣服的款式和型号。当消费者使用刷卡的支付方式时，银行的日流水单及商店 POS 机的刷卡记录就产生了一笔实时交易数据。如果该消费者是这家商店的会员，那么该商店就拥有了该消费者的部分基本信息及多次购买产品的交易记录。随着互联网、自动化技术的发展，消费者参与了线上交易，那么线上交易平台就会产生消费者常用地址、联系方式、偏好产品、产品型号、消费额度、消费频率等全面而及时的消费数据。

在传统的商业和社会环境下，人们对数据的利用是非常有限的。企业和商家们利用自身的营销数据汇编成财务报告、信息披露报告，为管理层或潜在投资者提供企业经营状况的参考资料。政府各个机构拥有的人口、宏观指标、地区发展、部门业务发展等各方面的数据为政府报告等特定事项提供数据服务。数据成为我们衡量过去发展状况和业绩水平的一种标准。传统意义上对数据的利用存在的缺失是不可忽视的。

首先，传统意义上对数据的利用形成了无数个数据孤岛。宏观数据、调研数据、社会化数据和企业数据之间相互孤立，而政府内部和企业内部同样存在数据孤岛。各个政府部门，甚至每个政府部门内部都有自身因专门的业务内容而产生的专项数据，但是这些专项数据仅仅在有专项需求时才被调用。企业内部也是这样，除了必要的信息披露，企业各部门之间的数据也缺乏协同和共享机制。数据孤岛的存在比我们想象得更多、更广泛，极大地降低了对数据的利用率。

其次，传统数据存在缺失和错误的比率较大。在商务系统和互联网尚未发展的情况下，企业和社会运营的数据很多是人工记录的，因此很容易存在数据缺失和数据失实的情况。更重要的是，很多数据的产生需要大量的人力、物力，在不可估量商业价值的情况下，数据的累积往往具有很强的延时性。

再次，数据的价值被低估，缺乏专业的数据分析人员对数据的商业价值和社会价值进行分析。我们会发现，传统意义上的数据管理是基于某些特定的目的和需求的，例如，定期的信息披露，盈余管理和预测等。但是这些目的和需求都不是为了创造价值而设立的，更多的是一种业务和管理层面的辅助。

然而，大数据时代拥有的数据量是足够大的。在互联网的世界里，Facebook 平均每分钟有 600 次的访问量；Amazon 每分钟销售额高达 8.3 万美元；全球 IP 网一分钟能够传输 639TB 的数据；你需要花费 5 年的时间才能看完互联网上一秒钟传输的视频。同时，大数据时代的数据开始呈现出多元化的趋势。数据来源包括移动数据、店面交易、网络行为、定位信息、电商、用户调查、社会网络、企业 CRM 等。

当今社会是一个大数据的社会，信息高度发达，数据量更是呈爆炸式增长，每天全世界都在产生着巨量的数据,大到一个跨国公司,小到一个社区的小卖部,都不可避免地与各种数据打交道。面对众多的数据,无论是管理者、经营者还是政策的制定者,都面临着如何管理好数据、发现数据的规律,以及如何从数据中获得价值的问题。在这一章中,我们先探讨什么是数据分析。

1.1.1　数据分析的定义

数据分析是对数据的提取,对数据进行分析离不开数据的支持。数据实际上是一种观测值,是信息的外在表现形式,也是以数量的形式来表现的实验、策略、观察和调查的结果。原始的数据往往具有数量巨大且杂乱无章的特点,让人眼花缭乱,不知所云,这样的数据是没有任何意义的。

数据分析就是将数量巨大且杂乱无章的数据进行整理、归纳和提炼,从中寻找数据的内在规律,从而获得需要的信息。数据分析的过程实际上就是对数据进行汇总、理解和吸收的过程,也是为了提取有用的信息和形成结论而对数据进行研究和概括总结的过程。通过对数据进行分析,以求最大化地开发数据,发挥数据的作用。

数据分析是一种有组织、有目的处理数据并使数据成为信息的过程,根本目的是集中、萃取和提炼数据。在实际工作中,数据分析最终是为了帮助经营者和决策者做出判断,以便采取正确、有效的行动。例如,企业的高层希望通过市场分析和研究,把握当前产品的市场动向,从而制订合理的产品研发和销售计划。因此,在经济生活中,经济决策实际上就是一种“数据决策”,“用数据说话”是众多企业经营者和决策者的共识。

在大数据时代,数据的形态和体量都发生了很大的变化,缺乏分析的数据是不具备商业价值的。数据分析能够为大数据时代带来质的飞跃。常规报表、查询、多维分析、警报——数据分析的前 4 个等级都只能展示已经发生的状况,但是数据分析不仅仅如此。统计分析能够帮助我们找到事件发生的相关因素,确认最有效的潜在交易方案。预报可以告诉我们未来股市预期变动或企业未来盈利水平预期。预测建模可以帮助金融机构预测新的金融产品的潜在客户。运筹优化能够帮助企业在限定的条件下把握最优的业务机会。

数据分析的核心思路是与实际业务、商业目的和运营目标相结合,进而为社会、经济和个体创造价值。数据分析与业务流程相结合可以分为 5 个基本步骤,包括认知、运营、交互、销售和维护。商业运营要与数据分析的关键指标紧密联系,根据数据提高产品的营销效率和推广效率。大数据的维护和累积能够为商业运营描绘完整的企业画像、客户画像。大数据画像包括企业或客户的基本信息、需求倾向、行为等。通过追踪核心的数据指标,进一步完善企业或客户画像,进而将其转化成为产品元素和营销战略。通过数据分析,我们可以知道通过什么渠道可以用最小的成本将竞争对手的客户转化为自身的客户,进而创造营业收益。大数据与运营维护的结合可以在很大程度上提高客户的满意度,降低客户的流失率。

目前,数据分析实践主要运用在物联网、定位服务、客户支撑及反欺诈领域。首先是物联网领域。以 UPS 为例,UPS 每天通过 5 万台快递车派送约 1630 万个包裹。UPS 在每台快递车上都安装了传感器,并且通过传感器传输数据,制定每天每台车少跑一英里的运营战略，该战略为 UPS 每年实现了约 3000 万美元的盈利。其次是定位服务领域。以美洲银行为例，美洲银行为其客户提供汉堡王的优惠券，该优惠券以美洲银行客户的刷卡记录数据为基础，判断汉堡王潜在竞争对手的客户，并对这些客户进行定向、定位的优惠券推送。该项营销战略既维护了美洲银行的客户，也为汉堡王实现了创收。再次是客户支撑领域。通过文本挖掘、自然语言处理、情感分析等手段，对客户评论、客户投诉、海外舆情、媒体报道数据进行分类处理，进而充分掌握客户潜在的需求，达到及时有效维护客户的商业目的。最后是反欺诈领域。最典型的例子就是骗保。我们可以通过神经网络分析等多元的数据分析方法及时识别和判断已有的欺诈模式和潜在的欺诈人群，进而进行有效的客户管理，确保企业运营和效益。

在传统的数据分析模式下，通常先提出假设，然后带着问题进行数据分析。在大数据时代下，更重要的是在关注小数据的同时，构建完善的数据交互平台，在已有数据的基础上，从数据中找寻新思路和新机遇，进而实现价值的飞跃。在数据量爆炸和新媒体时代的背景下，文字、图片、视频、网络数据等新兴的数据模式使我们需要掌握和运用全新的数据处理方式。同时，还需要对数据进行生命周期管理，对非结构化数据进行筛选和标签化。数据分析看重的是数据的多元性和数据的质量，需要构建大数据谱系，同时结合数据的特性采用不同的数据分析方法、分析工具和分析模型。因此，数据分析需要较为综合的思维和能力。

1.1.2　数据分析的方法

对数据进行分析的方法有很多，主要包括统计分析方法、运筹学分析方法、财务分析方法和图表分析方法。下面分别简单介绍这些分析方法。

（1）统计分析方法是指对收集到的数据进行整理归类并解释的分析过程，主要包括描述性统计和推断性统计。其中，描述性统计以描述和归纳数据的特征及变量之间的关系为目的，主要涉及数据的集中趋势、离散程度和相关程度，其代表性指标是平均数、标准差和相关系数等。推断性统计是用样本数据来推出总体特征的一种分析方法，包括总体参数估计和假设检验，代表性方法是 Z 检验、t 检验和卡方检验等。

（2）运筹学分析方法是在管理领域中运用的数学方法，该方法能够对需要管理的对象（如人、财务和物等）进行组织，从而发挥最大效益。运筹学分析方法经常使用数学规划分析，如线性规划、非线性规划、整数规划和动态规划等，也可以运用运筹学中的理论（如图论、决策论和库存论等）进行分析预测。运筹学分析方法经常在企业的管理中使用，如服务、库存、资源分配、生产和产品可靠性分析等方面。

（3）财务分析方法以财务数据及相关数据为依据和起点，系统分析和评估企业过去和现在的经营成果、财务状况及变动情况，从而了解过去、分析现在和预测未来，达到辅助企业的经营和决策的目的。财务分析方法包括比较分析法、趋势分析法和比率分析法等。

（4）图表分析方法是一种直观、形象的分析方法，它将数据以图表的形式展示出来，使数据形象、直观和清晰，让决策者更容易发现数据中的问题，提高数据处理和分析的效率。针对不同的数据分析类型可以采用不同的图表类型，常见的图表类型有柱形图、条形图、折线图和饼图等。

1.2　数据分析的步骤

数据分析通常可以分为明确目的、收集数据、处理数据、分析数据和撰写报告这几个步骤。

1.2.1　明确目的

在进行数据分析时，首先需要明确数据分析的目的。在收到数据分析的任务时，首先需要弄清楚为什么要进行这次数据分析，这次数据分析需要解决什么问题，应该从哪个方面切入，以及什么样的分析方法最有效等问题。在明确总体目的后，可以对目标进行细化，将分析的目标细化为若干个分析要点，厘清具体的分析思路并搭建分析框架，弄清楚数据分析需要从哪几个角度来进行，采用怎样的分析方法最有效。只有这样才能为接下来的工作提供有效的指引，保证分析的完整性、合理性和准确性，使数据分析能够高效进行，分析结果有效和准确。

总之，在进行数据分析之前要考虑清楚，为什么要开展数据分析，通过这次数据分析要解决什么问题。只有明确数据分析的目标，数据分析才不会偏离方向，否则得出的结果不仅没有指导意义，还可能将决策者引入歧途，导致严重的后果。

1.2.2　收集数据

收集数据是在明确数据分析的目的后，获取需要的数据的过程。数据是数据分析的素材和依据。数据的来源分为两种，第一种是直接来源，也称为第一手数据，数据来源于直接的调查或现实的结果；第二种是间接数据，也称为第二手数据，数据来源于他人的调查或实验，是加工整理后的数据。通常情况下，数据的收集主要有以下几种方式。

（1）公司或机构自己的业务数据库，其中存放着大量相关业务数据，这个业务数据库就是一个庞大的数据资源，需要有效地利用起来。

（2）公开出版物，比如《中国统计年鉴》《中国社会统计年鉴》《世界经济年鉴》《世界发展报告》等统计年鉴或报告。

（3）互联网。网络上发布的数据越来越多，使用搜索引擎可以帮助我们快速找到需要的数据。例如，国家及地方统计局网站、行业协会网站、政府机构网站、传播媒体网站和大型综合门户网站等，上面都可能有我们需要的数据。

（4）市场调查。在数据分析时，如果想要了解用户的想法和需求，通过以上 3 种方式获得数据会比较困难，这时就可以通过市场调查收集用户的想法和需求数据。市场调查是指运用科学的方法，有目的、有系统地收集、记录、整理有关市场营销的信息和资料，分析市场情况，了解市场现状及发展趋势，为市场预测和营销决策提供客观、准确的数据资料。市场调查可以弥补其他收集方式的不足，但进行市场调查所需的费用较高，而且会存在一定的误差，故仅供参考。

所以，在实际工作中，收集数据的方式有很多，我们可以根据不同的需要使用不同的收集方式。例如，分析本公司的经营状况，可以从公司自由的业务数据库中收集数据。对于一些专业数据，可以从公开的出版物中收集数据，如年鉴或分析报告等。

1.2.3 处理数据

在收集数据后，需要对数据进行处理。数据处理是指对收集到的数据进行加工整理，形成适合数据分析的样式，这是在分析数据前必不可少的工作。数据处理的基本目的是从大量杂乱且难以理解的数据中抽取并推导出对解决问题有价值和意义的数据。

数据处理常常需要对数据进行清理、转换、提取、汇总和计算。通常情况下，收集到的数据都需要进行一定的处理才能用于后面的工作，即使再"干净"的原始数据也需要经过一定的处理后才能使用。

1.2.4 分析数据

分析数据需要从数据中发现有关信息，一般需要通过软件来完成。在分析数据时，数据分析人员根据分析的目的和内容确定有效的数据分析方法，并将这种方法付诸实施。当前分析数据一般是通过软件来完成的，简单实用的软件有 Excel，专业高端的软件有 SSPS 和 SAS 等。

1.2.5 撰写报告

在分析数据后，需要将分析结果展示出来并形成数据分析报告。数据分析报告一般包括封面、目录、分析内容和总结这几部分。数据分析报告是对数据分析过程的总结和归纳，数据分析报告需要描述数据分析的过程和分析的结果，并且给出分析的结论。数据分析报告应该结构清晰、主次分明。分析报告应该具有一定的逻辑性，一般可以按照发现问题、总结产生问题的原因和解决问题这一流程来描述。在数据分析报告中，每一个问题必须要有明确的结论，一个分析对应一个结论，切忌贪多。结论应该基于严谨的数据分析，不能主观臆测。同时，数据分析报告应该通俗易懂，使用图表和简洁的语言来描述，不要使用过多的专业名词，要让看报告的人看懂。

好的数据分析报告一定要有建议或解决方案。作为决策者，需要的不仅仅是找出问题，更重要的是提出建议或解决方案，供决策者参考。所以，数据分析师不仅需要掌握数据分析方法，还要了解和熟悉业务，这样才能根据发现的业务问题提出具有可行性的建议或解决方案。

1.3 数据分析的前景

1.3.1 数据分析的作用

数据分析在管理上有着十分重要的作用，它的价值来源于详尽而真实的数据，是一个企业的管理走向正规化、决策走向合理化的重要环节。在实际工作中，数据分析能够及时纠正生产和经营中的错误，使企业的管理者了解企业现阶段的经营状况，知道企业业务的发展和变动情况。通过数据分析，可以对企业的计划进度进行分析，实时了解企业的经营情况，为科学管理提供依据。数据分析也可以帮助决策者对未来的发展趋势进行预测，为制定经营方向、运营目标及决策提供参考依据，最大限度的规避风险。

1.3.2　数据分析行业的就业前景

即使你不是数据分析师，数据分析技能也是未来必不可少的工作技能之一。在数据分析行业发展成熟的国家，90%的市场决策和经营决策是通过数据分析研究确定的。

数据分析师是指在互联网、金融、电信、医疗、旅游、零售等多个行业专门从事数据的采集、清洗、处理、分析，能够利用统计数据、定量分析和信息建模等技术制作业务报告，进行行业研究、评估和预测，从而为企业或所在部门提供商业决策的新型数据分析人才。

2015 年 2 月，美国白宫正式任命 DJ Patil 为首席数据科学家和制定数据策略的副首席技术官。DJ Patil 曾在 LinkedIn、eBay、PayPal、Skype 和风险投资公司 Greylock Partners 等诸多硅谷知名公司工作过，积累了丰富的经验，在上任之后将会扮演负责政府大数据应用开发专家的角色。

《国家数据资源调查报告（2021）》显示，2021 年全年，我国数据产量达到 6.6ZB，同比增长 29.4%，占全球数据总产量（67ZB）的 9.9%，仅次于美国（16ZB），位居全球第二，如图 1-1 所示。近三年来，我国数据产量每年保持 30%左右的增速。

图 1-1　2021 年全年我国数据产量

我们正处在一个数据量呈爆炸式增长的时代，当今的信息产业呈现出前所未有的繁荣景象，新的互联网技术不断涌现，从传统互联网的 PC 终端，到移动互联网的智能手机，再到物联网传感器，技术革新使数据生产能力呈指数级提升。

同时，大数据时代可视化趋势明显，人们开始重视展示数据的在线动态模式及分布形态。数据可视化是一种新的数据分析手段，是一种叙事手段，并且包含了思考和批判的思维。通过数据可视化的方式，人们能够探查数据之间的关联。数据可视化提供了一条清晰、有效地传达与沟通信息的渠道，具体体现在交互性、可视性和多维性上。交互性是指用户能够方便地通过交互界面实现数据的管理、计算与预测。可视性是指数据可以使用图像、二维图形、三维图形和动画等方式来展现，并可以对其模式和关系进行可视化分析。多维性是指可以从数据的多个属性或变量对数据进行切片、钻取、旋转等，以此剖析数据，从多角度、多方面分析数据。

数据分析需要深度挖掘大数据的价值。在大数据时代，可视化图表工具不可能"单独作战"。数据可视化通常与数据分析功能组合，数据分析又需要接入数据整合、数据处理、ETL等功能。

1. 国外数据分析行业的就业前景

在大数据时代，互联网和智能手机产生的数据"大爆炸"催生了提取和解读海量数据的新工作岗位——数据分析师。但是，大多数公司和组织发现自己沉浸在数据的海洋中，却缺乏人力资源、工具和知识来利用它，以创造竞争优势和价值。

美国企业和高等教育论坛（BHEF）与普华永道发布的报告中提到，2021 年，有 69% 的雇主希望求职者具备数据分析能力，然而仅有 23% 的毕业生具备这样的能力。而作为华尔街顶级投行之一的高盛，近年来一直都在大规模裁员，从昔日的 600 名交易员到如今只剩下 2 名，据预测，到 2025 年，华尔街将有 23 万人将被 AI 替代。随着人工智能、大数据、云计算的不断发展，不仅是投行的交易员在消失，很多职业都将消失。在大量裁员的背景下，高盛与数据分析相关的岗位却增加了 900 个。

2019 年，全球数据分析市场价值 230 亿美元。到 2026 年，这一数字预计将增加到 1330 亿美元。到 2022 年，全球一半以上的企业将数据分析视为其运营的核心组成部分。随着数据量的不断增加，企业对合格的数据分析师的需求一直处于高水平，并且在未来几年可能会继续增加。

在 Glassdoor 发布的《50 份最佳就业》（50 best jobs in America）报告中，"数据科学家"成为最佳工作，职业满意度高，职位缺口大，且重要的是薪水还很高。

著名求职网站 Indeed 统计数据透露，全美平均数据科学家的平均年薪为 127 981 美元，科技巨头如 Facebook 等，薪资会更高。但是，尽管有这么高的评价与薪资，数据分析领域还是很缺人。

数据分析行业在国外历史已久，伴随着互联网技术、信息技术、通信技术的发展，目前已经非常成熟，并远远领先国内的发展水平，据估计，这一差距有 5～10 年。

2. 国内数据分析行业的就业前景

改革开放以来，随着国内经济的快速发展及各大行业与国际接轨的步伐不断扩大，国内的数据分析行业从 2003 年开始兴起，如今已经过多年的发展。在这期间，数据科学相关职业从少到多，认证协会从无到有，数据分析挖掘工作从模糊到清晰。如今，中国的数据分析行业经过多年的磨砺，开始蓬勃发展。

2004 年至 2006 年是数据分析行业的起步阶段。2006 年到 2010 年，数据分析行业已经全面成型，相关的培养方案和课程体系进一步完善，全国性行业协会的申请工作正式开展。我国数据分析师人数从零起步，猛增至近万人。数据人才的分布领域也从最初的分析评估业和金融业，迅速扩展到会计师、投融资机构、政府审批和企业管理等众多领域，涉及的行业从金融行业到分析服务业、制药业、石油和天然气行业及 IT 行业，数据分析师迅速成为国内炙手可热的职业之一。

近两年，国内市场对数据分析师职位的需求逐步涌现。根据猎聘网数据显示，全国中高端职位中数据分析师职位从 200 多个职位逐步增长到接近 3000 个职位，数据分析师职位无论是绝对数量还是相对数量，都呈现出快速增长的态势。二线城市目前对数据分析师的需求相对滞后。数据分析师职位主要集中在互联网、金融、消费品、制药和医疗等行业，其中，互联网和金融行业数据分析师职位的数量超过了 80%。数据分析师的薪酬水平高于行业平均水平，体现出数据分析师及数据的价值正在逐渐被市场所认可。

数据分析师职位的大量涌现和对数据分析师市场价值的认可主要是基于数据分析 3.0 时代的到来。1954—2005 年，计算机设备被广泛应用，数据库初步形成；2005—2013 年，互联网蓬勃发展，互联网公司为了解决自身数据量较大、数据复杂的问题引入了解决数据问题的分析工具；2013 年至今，传统行业开始引入互联网行业中运用的数据分析方法，数据分析 3.0 时代开启，与数据相关的企业迅速发展。鉴于互联网行业的成功经验，市场开始重视数据和数据分析在创造商业价值方面的重大潜力。

2011 年，云计算的概念风靡世界，并开始在全国推广。国内一些大型互联网公司，如阿里巴巴等，建成了一大批云计算中心，并投资开发多个开发区，为数据采集后的存储、处理、传输和分析提供了基础。数据分析师职业有了更加具体的应用方向。

2012 年，"大数据"一词横空出世，国外的一些行业领导者开始提出"大数据时代"的概念。"大数据"一开始就不止步于理论，在技术上对处理大量和复杂的数据提出了新的思路和方向。随着互联网技术的发展、第四代移动互联网的广泛应用、社交媒体的移动化，各行各业在数据的内容、结构、复杂程度和数量方面都呈现出几何倍增的特征。很多企业的数据分析师对如何更好地利用海量数据为企业管理、运营等决策提供科学的依据展开探讨，这也为数据分析师这一职业的快速发展开拓了巨大的空间。CSDN 的一项调查报告指出，国内的大数据应用目前多集中在互联网领域，并且有超过 56% 的企业在筹备和发展大数据研究。未来 5 年，94% 的公司都需要数据分析专业人才。

埃森哲一项分析报告曾指出，数据分析人才价值倍增的原因在于业务分析法已经从企业的辅助角色跃升至核心地位，并能够帮助企业制定许多重要的决策和流程。对互联网行业而言，业务分析法已经成为企业一项战略性的能力。即使是业务分析法仍处于起步阶段的电子和高科技等行业，数据分析人才也是企业未来高速发展的关键所在。在所调查的包括分析服务业、银行业、石油天然气行业、通信技术行业等七大传统行业内，数据分析师在中国的发展速度仅次于美国，在 2015 年增加 30 500 人，74% 的新增数据分析专家工作将会出现在中国、印度和巴西。尽管美国提供了最多的数据分析就业机会，但是，中国、印度和巴西的数据分析职业发展速度更快，并且只需要短短十年，中国和印度就将在这些行业中雇佣近一半的数据分析人才。

如今，我们已经进入了企业发展日新月异的"互联网+"时代——一个用数据说话的时代，也是一个依靠数据竞争的时代。目前在世界500强企业中，有90%以上的企业建立了数据分析部门。IBM、微软、Google等知名公司都在积极投资数据业务，建立数据部门，培养数据分析团队。各国政府和越来越多的企业意识到数据和信息已经成为智力资产和资源。新一代信息技术与各产业结合形成数字化生产力和数字经济，是现代化经济体系发展的重要方向。大数据、云计算、人工智能等新一代数字技术是当代创新最活跃、应用最广泛、带动力最强的科技领域，给产业发展、日常生活、社会治理带来深刻影响。数据的分析和处理能力正在成为企业日益倚重的技术手段。我国在互联网行业热钱涌动的又一波浪潮下，对数据分析方面人才的需求更加迫切，培养力度更是空前。随着大数据在国内的发展，大数据相关人才出现了供不应求的状况，数据分析师更是被媒体称为"未来最具发展潜力的职业之一"。

从目前来看，在未来五年，互联网、金融及医疗行业将会创造大量与数据科学相关的职位。互联网行业将积累大量的数据；传统金融行业转型面临巨大的数据科学相关职位的缺口；对医疗行业来说，"3521工程"，即建设国家级、省级和地市级三级卫生信息平台，加强公共卫生、医疗服务、新农合、基本药物制度、综合管理5项业务应用，建设健康档案和电子病历2个基础数据库和1个专用网络建设，当前，全国有数十个省份在搭建省级的信息化平台、100多个城市在不同程度上搭建市级平台，以及区域医疗建设和医联体等，都会积累大量的数据。

根据对阿里巴巴、星图数据、钱方银通、和堂金融等公司的访谈及调研，并根据相关数据做出的预测显示，到2024年，与数据分析相关的工作岗位将增加11个百分点，而且各行各业都会对这类人才产生很大的需求。

总之，数据分析是一门技术也是一门艺术，数据分析起源于生活，也为生活创造着新的价值。数据分析师是一门需要掌握多元数据分析技术的职位，是拥有生活感知、经济分析能力的高端人才就业岗位。数据分析师需要累积多元化的知识，包括统计学、机器学习、工程、可视化、深刻行业知识、强化数据库能力、精练信息的能力、运筹学等。数据分析师还需要具备怀疑态度及创造能力，才能将数据的技术和艺术相结合，使数据分析能够与业务相结合，更加贴近我们的生活。多元化的学识背景及对生活的感知能够造就一名优秀的数据分析师。大数据时代已经来临，数据分析行业的急速扩展必然给数据分析师们带来广阔的发展空间。

习 题

1．什么是数据分析？
2．数据分析的方法有哪些？
3．简述数据分析的步骤。

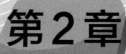

>>>>>>

第2章

案例背景

学习目标

（1）了解模拟企业背景。

（2）掌握模拟企业数据表信息。

知识结构图

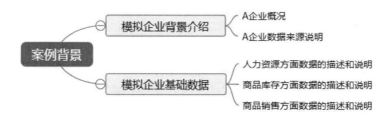

2.1 模拟企业背景介绍

本书以一家在全国拥有连锁社区超市的 A 企业为例，选取该企业人力资源、商品库存和商品销售 3 个方面的部分数据来进行描述和说明。

2.1.1 A 企业概况

A 企业是以经营各类家居用品、文体用品、家电、针织品、服饰，以及各种休闲、饮料、粮油等商品批发、零售业务为主，以统一形象、统一标志、统一经营、统一管理为发展方向的零售连锁经营企业。

2.1.2　A 企业数据来源说明

A 企业采用了一套 ERP 系统来实现全过程统一经营管理，因此本书选取的人力资源、商品库存和商品销售 3 个方面的部分数据都来源于 ERP 系统中的相关业务数据库，从而保证了数据的真实性、有效性和可靠性。

2.2　模拟企业基础数据

2.2.1　人力资源方面数据的描述和说明

人力资源方面的数据包括员工信息和 2022 年考勤数据，说明如下。

（1）员工信息包含在职员工信息表、薪资总额表和离职员工表。

在职员工信息表的字段说明如表 2-1 所示。

表 2-1　在职员工信息表的字段说明

字　　段	字　段　含　义
工号	员工的工作编号
姓名	员工的姓氏和名字
性别	男或女
部门	公司的一个机构
职务	对职位的称呼
婚姻状况	婚否
出生日期	出生时间（年、月、日）
年龄	当前年份减去出生年份
进公司时间	进入公司的日期（年、月、日）
本公司工龄	在本公司工作的年数
学历	受教育程度

薪资总额表的字段说明如表 2-2 所示。

表 2-2　薪资总额表的字段说明

字　　段	字　段　含　义
年份	某一年
员工人数	员工数量
月平均工资	每个月发放的工资总金额除以员工人数
年平均工资	一年内发放的工资总金额除以员工人数
年工资增长率	当前年份发放的工资总金额减去上一年发放的工资总金额再除以上一年发放的工资总金额

离职员工表的字段说明如表 2-3 所示。

表 2-3　离职员工表的字段说明

字　　段	字 段 含 义
工号	员工的工作编号
姓名	员工的姓氏和名字
离职时间	离开本公司工作岗位的时间（年、月、日）
离职原因	离开本公司工作岗位的原因

（2）2022 年考勤数据包含 2022 年考勤数据表，其字段说明如表 2-4 所示。

表 2-4　2022 年考勤数据表的字段说明

字　　段	字 段 含 义
工号	员工的工作编号
姓名	员工的姓氏和名字
部门	员工所属部门
工作日天数	一年内上班的天数
实际出勤天数	实际上班的天数
事假	因私事或个人原因而请假的天数
病假	因员工生病而请假的天数
婚假	因员工结婚而请假的天数
丧假	因丧事而请假的天数
产假	因生育而请假的天数
年假	按公司规定，员工一年内允许请假的天数
工作日加班	工作时间以外的工作时间
双休日加班	双休日工作时间
公出	因公出差
调休	某个工作日不上班，到周末需要员工补班；或因有工作需要在节假日上班，之后用工作日为其补休

2.2.2　商品库存方面数据的描述和说明

商品库存方面的数据有 2022 年 1—3 月××社区店洗护商品库存变动信息，说明如下。

商品库存变动信息包含 2022 年 1—3 月××社区店洗护商品库存变动明细表，其字段说明如表 2-5 所示。

表 2-5　2022 年 1—3 月××社区店洗护商品库存变动明细表的字段说明

字　　段	字 段 含 义
货品编号	标识每种货品的号码
商品品牌类别	商品品牌的分类
商品名称	商品的称呼
产品规格	产品的大小、型号等

续表

字　　段	字 段 含 义
每箱数量	一箱货物的数量
进货单价	购进单个货物的价格
月初库存数	每月仓库剩余货物的数量

2.2.3　商品销售方面数据的描述和说明

商品销售方面的数据包括 2022 年四川分店销售情况、××分店销售数据、供货发货信息和会员客户信息，说明如下。

（1）2022 年四川分店销售情况包含 2022 年四川分店销售情况表，其字段说明如表 2-6 所示。

表 2-6　2022 年四川分店销售情况表的字段说明

字　　段	字 段 含 义
销售金额	销售产品的收入总额
毛利	商品销售收入减去商品原进价后的金额
毛利率	不含税销售收入减去不含税成本再除以不含税销售收入
交易笔数	交易的次数
每客单价	每个客户的单笔交易金额
商品类别销售金额	销售某类商品的收入总额
商品类别毛利	销售某类商品的收入减去商品进价后的金额
商品销售金额 Top5	商品的销售金额排名前 5 名

（2）××分店销售数据包含××分店销售明细表，其字段说明如表 2-7 所示。

表 2-7　××分店销售明细表的字段说明

字　　段	字 段 含 义
会员编号	标识每个会员的号码
交易编号	标识每次交易的号码
产品编号	标识每个产品的号码
产品名称	产品的称呼
交易建立日	发生交易的时间
产品单价	单个产品的售价
产品数量	产品的个数
金额	会员消费的钱数
红利积点	金额除以十的结果

（3）供货发货信息包含供货发货表，其字段如表 2-8 所示。

表 2-8　供货发货表的字段说明

字　　段	字 段 含 义
订单编号	标识每笔订单的号码

续表

字　段	字　段　含　义
客户年龄段	客户的年龄范围
订单日期	产生订单的时间
订单优先级	订单的优先等级
产品类别	产品的分类
发货日期	发货的时间
客户类型	客户的分类
区域	全国地域划分
省级	省名
市级	城市名
市名	城市名（拼音表示）
折扣	商品价格的折扣率
订单号	标识订单的号码
订单数量	订单货物的数量
产品基本保证金	发货前预先支付的金额
利润	销售金额减去成本费用
销售额	销售产品的收入总额
运输成本	货物运输在过程中产生的费用
单价	单个货物的价格

（4）会员客户信息包含会员客户信息表，其字段如表 2-9 所示。

表 2-9　会员客户信息表的字段说明

字　段	字　段　含　义
会员编号	标识每个会员的号码
性别	男或女
生日	出生日期
年龄	当前年份减去出生年份
婚姻状况	婚否
职业	工作种类
省份（拼音）	所在省份，用拼音表示
城市	所在城市
城市（拼音）	所在城市，用拼音表示
入会管道	入会的方式
会员入会日	入会的日期
VIP 建立日	晋升到 VIP 会员的日期
购买总金额	一年内购买商品的金额总和
购买总次数	一年内购买商品的次数总和

第3章

>>>>>>

数据处理

学习目标

（1）掌握 Excel 数据表的构成。

（2）理解二维表与一维表的区别。

（3）掌握将二维表转换为一维表的方法。

（4）掌握导入、清洗、加工数据的多种方法。

（5）强调数据处理过程的真实性，培养诚实守信的品质。

知识结构图

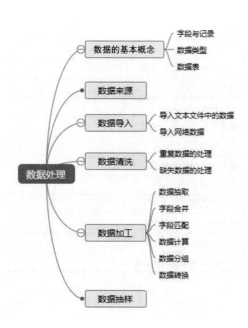

数据（Data）是指以时间为轴，记录人物、地点、事件和方法等生活各个维度的数字字符。数据经过解释并被赋予一定的意义之后，就成为信息。数据处理（Data Processing）是指对数据的采集、存储、检索、加工、变换和传输。

在职员工信息表如图 3-1 所示，数据是表中的某个数值，如 0001、管理层、1979/10/22等。数据经过解释便可以被赋予一定的意义，如工号为 0001、姓名为 AAA1 的员工所在的部门是管理层，工号为 0002 的员工进入公司的时间为 2013 年 1 月 8 日。

工号	姓名	性别	部门	婚姻状况	出生日期	进公司时间	学历
0001	AAA1	男	管理层	已婚	1963/12/12	2013/01/08	博士
0002	AAA2	男	管理层	已婚	1965/06/18	2013/01/08	硕士
0003	AAA3	女	管理层	已婚	1979/10/22	2013/01/08	本科
0004	AAA4	男	管理层	已婚	1986/11/01	2014/09/24	本科
0005	AAA5	女	管理层	已婚	1982/08/26	2013/08/08	本科
0006	AAA6	女	人事部	离异	1983/05/15	2015/11/28	本科
0007	AAA7	男	人事部	已婚	1982/09/16	2015/03/09	本科
0008	AAA8	男	人事部	未婚	1972/03/19	2013/04/10	本科

图 3-1　在职员工信息表

数据处理贯穿社会生产和社会生活的各个领域，数据处理技术的发展及应用的广度和深度，极大地影响着人类社会发展的进程。同时，随着互联网的发展，海量数据的处理也影响着我们的生活。

数据处理的基本目的是从大量的、杂乱无章的、难以理解的数据中抽取并推导出对某些特定的人来说有价值、有意义的数据。数据处理主要包括数据清洗、数据转换、数据抽取、数据计算等。数据处理是数据分析的前提，对经过数据处理的有效数据进行分析才有意义。进行数据处理及数据分析必须依靠分析工具，这里选择最流行的工具——Excel，它也是我们常用的办公软件之一。

3.1　数据的基本概念

3.1.1　字段与记录

从数据分析的角度来说，字段是事物或现象的某种属性，记录是事物或现象某种属性的具体表现，也称为数据或属性值。我们可以将字段简单理解为一个表中列的属性，而记录是表中一行的值。

在职员工信息表中的工号、姓名、婚姻状况、学历等都是字段。在职员工信息表中的工号可以是 0001、0002、0003 等，姓名可以是 AAA1、AAA2 等，婚姻状况可以是已婚、未婚、离异等，这些内容均称为记录，在整个二维表中一行的值称为一条记录，如图 3-2 所示。

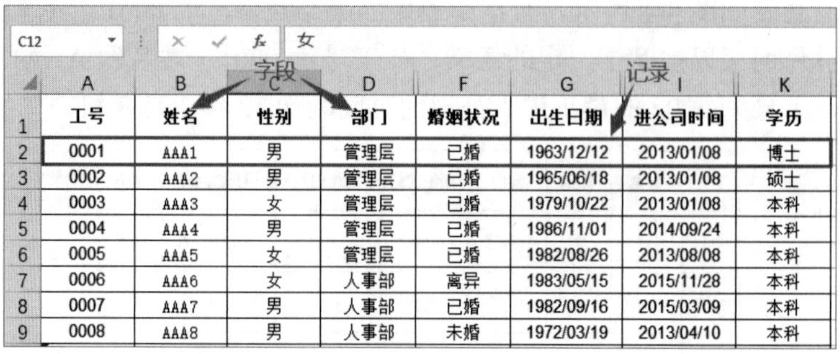

图 3-2   在职员工信息表的字段与记录

由字段与记录组合的数据才有意义。

3.1.2 数据类型

Excel 中的数据类型就是表中记录的数据类型，一般一个表中一列数据的类型一致。

查看 Excel 中数据类型的步骤如下。

选择 Excel 中的任意一列或任意一个单元格并右击，在弹出的快捷菜单中选择"设置单元格格式"命令，弹出"设置单元格格式"对话框，如图 3-3 所示。

图 3-3   "设置单元格格式"对话框

在"设置单元格格式"对话框中，可以看到 Excel 中支持的数据类型，如常规、数值、货币、会计专用、日期、时间、百分比、分数、科学记数、文本、特殊、自定义等。从数据分析的角度来看，Excel 中的数据类型可以分为 3 类：数值型数据、文本型数据和日期型数据。

（1）数值型数据：数值型数据是直接使用整数或实数进行计量的数据，如成绩表中的语文、数学、英语 3 门课程的成绩，这些数据都是数值型数据。对于数值型数据，可以直接使用算术方法进行计算、汇总、分析等，如计算某学生的平均分、按平均分排序等。

（2）文本型数据：文本型数据又称字符型数据，文本型数据无法计算，包括英文字符、中文字符、数字字符（不同于数值型数据）等，如学生成绩信息表中的学号、姓名、身份证号、成绩等级等。对于文本型数据，可以使用字符串运算方法进行截取、统计、汇总、分析等，如分析成绩为优秀的学生的百分比、筛选不及格的学生等。

（3）日期型数据：日期型数据是使用日期或时间进行计量的数据，如出生日期、入学日期等。对于日期型数据，可以使用日期或时间函数进行计算、统计、分析等，如分析学生信息表中学生年龄与分数的关系。

3.1.3　数据表

数据表是由字段、记录构成的表。数据表设计的合理性直接影响后续数据处理的效率及深度，会员客户信息表就是一个数据表，如表 3-1 所示。

表 3-1　会员客户信息表

会员编号	性　别	生　日	省　份	城　市	购买总金额（元）	购买总次数（次）
DM081036	F	1956/4/21	河北省	石家庄	1 761.4	24
DM081037	M	1995/5/9	河南省	郑州	11 160.23	23
DM081038	F	1949/4/30	广东省	汕头	21 140.56	45
DM081039	F	1963/10/10	内蒙古	呼和浩特	288.56	30
DM081040	M	1992/5/7	内蒙古	呼和浩特	1 892.84	14
DM081041	F	1964/7/26	辽宁省	沈阳	2 484.74	46

为了方便对数据表进行分析，建议数据表的设计按表 3-2 所示的基本要求进行。

表 3-2　数据表设计的基本要求

序　号	设 计 要 求
1	数据表由标题行（字段）与数据部分（记录）组成
2	第一行是列标题，字段名不能重复
3	从第二行开始都是数据部分，数据部分的每一行数据都是一条记录
4	数据部分不允许出现空行或空列
5	数据表中没有合并单元格
6	数据表与其他数据之间应该留出至少一个空白行和一个空白列
7	数据表需要以一维表的形式存储，但在实际操作中接触的数据表往往是以二维表的形式存在的，此时应该将二维表转换为一维表

常用数据表分为一维表和二维表。从数据库层面来说，维指的是分析数据的角度，一维表是最适合透视和数据分析的数据存储结构。所谓一维表，就是在工作表数据区域的第一行为标题（字段），以后各行为数据（记录），并且各列只包含一种类型的数据。判断数据表是一维表还是二维表的一个最简单的办法，就是看其每一列是否是一个独立的参数。如果每一列都是独立的参数，这个表就是一维表。如果有一列或多列是同类型参数，这个表就是二维表。如图 3-4 所示，2021 年、2022 年都属于年份，是描述某公司在各省销售额的一个因素，如果将右侧的二维表转换为一维表，就应该使用同一字段，将年份单独作为列。

一维表		
地区	年份	销售额（单位：万元）
安徽省	2021年	36845.5
安徽省	2022年	38680.6
北京市	2021年	35445.1
北京市	2022年	36102.6
河北省	2021年	34978.6
河北省	2022年	36206.9
江苏省	2021年	98656.8
江苏省	2022年	102719
上海市	2021年	37987.6
上海市	2022年	38700.6
四川省	2021年	46363.8
四川省	2022年	48598.8
浙江省	2021年	62462
浙江省	2022年	64613.3
重庆市	2021年	23605.8
重庆市	2022年	25002.8

二维表		
地区	2022年（单位：万元）	2021年（单位：万元）
北京市	36102.6	35445.1
河北省	36206.9	34978.6
上海市	38700.6	37987.6
江苏省	102719	98656.8
浙江省	64613.3	62462
安徽省	38680.6	36845.5
重庆市	25002.8	23605.8
四川省	48598.8	46363.8

图 3-4　一维表与二维表对比

为了后期更好地处理各种类型的数据表，强烈建议用户在数据录入时，采用一维表的形式。如果采用二维表的形式，则在进行数据分析前需要将二维表转换为一维表。

将二维表转换为一维表的方法如下。

第一步：添加数据透视表功能。在"文件"菜单中选择"选项"命令，在弹出的"Excel 选项"对话框中选择"自定义功能区"选项，在最右侧的列表框中勾选"数据"复选框，先单击"新建组"按钮，再单击"重命名"按钮，将"新建组"修改为"数据透视表"。在"从下列位置选择命令"下拉列表中选择"不在功能区中的命令"选项，在下方的列表框中选择"数据透视表和数据透视图向导"选项，在右侧的列表框中选择刚刚建立的"数据透视表（自定义）"选项，单击"添加"按钮，并单击"确定"按钮，将"数据透视表和数据透视图向导"选项添加到自定义的"数据透视表"组中，如图 3-5 所示。

添加完成后，"数据"选项卡中的"数据透视表和数据透视图向导"按钮如图 3-6 所示。

第二步：单击"数据"选项卡中"数据透视表"组的"数据透视表和数据透视图向导"按钮，弹出"数据透视表和数据透视图向导--步骤 1（共 3 步）"对话框。先在"请指定待分析数据的数据源类型"选区中选中"多重合并计算数据区域"单选按钮，在"所需创建的报表类型"选区中选中"数据透视表"单选按钮，然后单击"下一步"按钮，如图 3-7 所示。

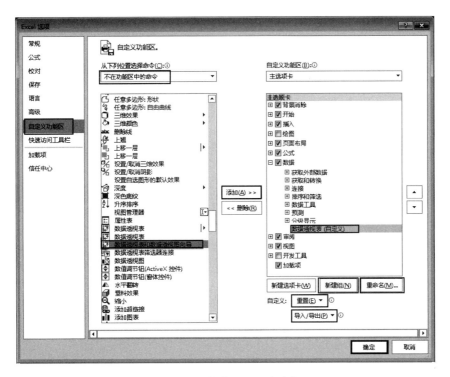

图 3-5 添加数据透视表功能

图 3-6 "数据透视表和数据透视图向导"按钮

图 3-7 "数据透视表和数据透视图向导--步骤 1（共 3 步）"对话框

第三步：在弹出的"数据透视表和数据透视图向导--步骤 2a（共 3 步）"对话框中选中"创建单页字段"单选按钮，单击"下一步"按钮，如图 3-8 所示。

图 3-8　"数据透视表和数据透视图向导--步骤 2a（共 3 步）"对话框

第四步：在弹出的"数据透视表和数据透视图向导--第 2b 步，共 3 步"对话框中，单击"选定区域"右侧的按钮，选择二维表包含的单元格，单击"添加"按钮，将选择的区域添加到"所有区域"列表框中，单击"下一步"按钮，如图 3-9 所示。

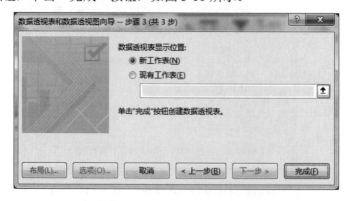

图 3-9　选择二维表包含的单元格

第五步：在弹出的"数据透视表和数据透视图向导--步骤 3（共 3 步）"对话框中选中"新工作表"单选按钮，单击"完成"按钮，如图 3-10 所示。

图 3-10　选中"新工作表"单选按钮

生成的数据透视表如图 3-11 所示。

	A	B	C	D
1	页1	(全部) ▼		
2				
3	求和项:值	列 ▼		
4	行 ▼	2021年(单位：万元)	2022年(单位：万元)	总计
5	安徽省	36845.5	38680.6	75526.1
6	北京市	35445.1	36102.6	71547.7
7	河北省	34978.6	36206.9	71185.5
8	江苏省	98656.8	102719	201375.8
9	上海市	37987.6	38700.6	76688.2
10	四川省	46363.8	48598.8	94962.6
11	浙江省	62462	64613.3	127075.3
12	重庆市	23605.8	25002.8	48608.6
13	总计	376345.2	390624.6	766969.8

图 3-11　生成的数据透视表

第六步：双击图 3-11 中行、列均为"总计"的 D13 单元格，Excel 会自动创建一个新的工作表，并且是基于二维表数据源生成的一维表，如图 3-12 所示。

	A	B	C	D
1	行	列	值	页1
2	安徽省	2021年(单位：万元)	36845.5	项1
3	安徽省	2022年(单位：万元)	38680.6	项1
4	北京市	2021年(单位：万元)	35445.1	项1
5	北京市	2022年(单位：万元)	36102.6	项1
6	河北省	2021年(单位：万元)	34978.6	项1
7	河北省	2022年(单位：万元)	36206.9	项1
8	江苏省	2021年(单位：万元)	98656.8	项1
9	江苏省	2022年(单位：万元)	102719	项1
10	上海市	2021年(单位：万元)	37987.6	项1
11	上海市	2022年(单位：万元)	38700.6	项1
12	四川省	2021年(单位：万元)	46363.8	项1
13	四川省	2022年(单位：万元)	48598.8	项1
14	浙江省	2021年(单位：万元)	62462	项1
15	浙江省	2022年(单位：万元)	64613.3	项1
16	重庆市	2021年(单位：万元)	23605.8	项1
17	重庆市	2022年(单位：万元)	25002.8	项1

图 3-12　基于二维表数据源生成的一维表

第七步：把数据表的列标题（字段）修改为相应的字段名称，不需要的列可以删除，修改后的一维表如图 3-13 所示。

地区	年份	销售额（单位：万元）
安徽省	2021年	36845.5
安徽省	2022年	38680.6
北京市	2021年	35445.1
北京市	2022年	36102.6
河北省	2021年	34978.6
河北省	2022年	36206.9
江苏省	2021年	98656.8
江苏省	2022年	102719
上海市	2021年	37987.6
上海市	2022年	38700.6
四川省	2021年	46363.8
四川省	2022年	48598.8
浙江省	2021年	62462
浙江省	2022年	64613.3
重庆市	2021年	23605.8
重庆市	2022年	25002.8

图 3-13　修改后的一维表

至此，二维表就转换成了一维表。

3.2　数据来源

进行数据分析，首先需要有数据源，我们可以通过以下几个渠道获得需要的数据。

（1）数据库：从自己公司或单位的业务数据库中获取相关的数据。如公司原始 Excel 数据，以及从 Access、SQL Server、Oracle 数据库中导出的数据，这是第一手也是最真实的数据。

（2）公开出版物：通过公开出版物获取需要的数据。如查找《中国统计年鉴》《中国社会统计年鉴》《世界经济年鉴》等统计年鉴。为了便于对这些数据做进一步的处理，需要把找到的数据输入到计算机中或寻找各种数据的电子版本。

（3）互联网：从互联网获取需要的数据。各种搜索引擎可以帮我们快速找到需要的数据，如地方或国家统计局网站、政府机构网站、行业网站、大型综合门户网站，或者采用一定的技术手段从互联网中获取海量数据。

（4）市场调查：为了满足特定的需求，针对目标客户设置调查问卷等，从互联网、微信、线下等相关渠道获取相关数据。

3.3　数据导入

在导入外部数据时，常见的数据来源有 3 种：Excel 文件、文本文件和网络。导入 Excel 文件中的数据可以直接复制、粘贴，下面分别说明导入文本文件中的数据及网络数据的方法。

3.3.1　导入文本文件中的数据

文本文件是比较常见的数据来源，一般以文本形式存储数据，数据与数据之间会有固定的宽度或使用不同的分隔符号分隔开。现有如图 3-14 所示的文本文件数据，下面介绍如何将该文本文件中的数据导入 Excel。

会员编号	性别	生日	省份	城市	购买总金额（元）	购买总次数（次）
DM081036	F	1956/4/21	河北省	石家庄	1761.4	24
DM081037	M	1988/5/9	河南省	郑州	11160.23	23
DM081038	F	1965/4/30	广东省	汕头	21140.56	45
DM081039	F	1995/3/13	内蒙古	呼和浩特	288.56	30
DM081040	M	1994/9/11	内蒙古	呼和浩特	1892.84	14
DM081041	F	1979/9/28	辽宁省	沈阳	2485.74	46
DM081042	F	1964/7/26	吉林省	长春	4584.56	25
DM081043	M	1955/4/8	四川省	成都	984562.15	131
DM081043	F	1996/2/21	浙江省	台州	45186.88	11
DM081036	F	1956/4/21	河北省	石家庄	1761.4	24
DM081037	M	1988/5/9	河南省	郑州	11160.23	23
DM081038	F	1965/4/30	广东省	汕头	21140.56	45
DM081039	F	1995/3/13	内蒙古	呼和浩特	288.56	30

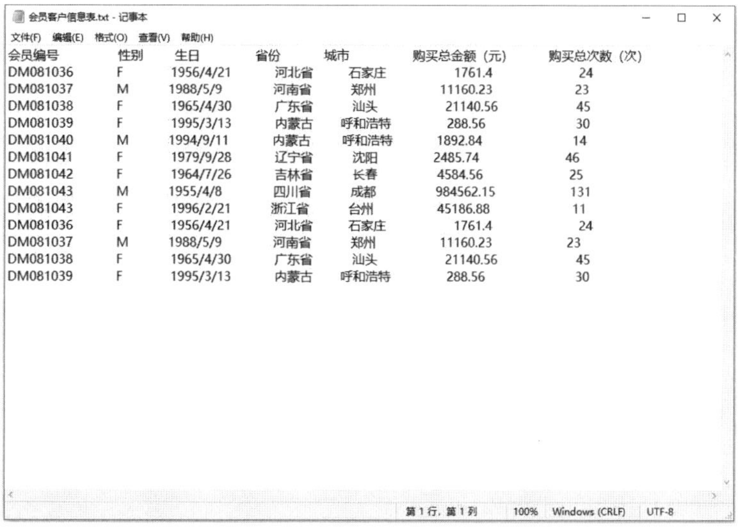

图 3-14　文本文件数据

第一步：新建一个 Excel 文件，单击“数据”选项卡中“获取外部数据”组的“自文本”按钮，如图 3-15 所示。

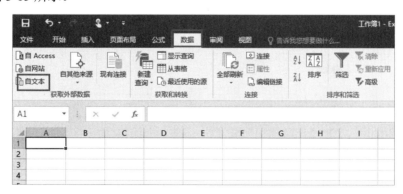

图 3-15　单击“自文本”按钮

第二步：在弹出的"导入文本文件"对话框中选择文本文件所在的位置，选择待导入的文本文件，单击"打开"按钮，弹出"文本导入向导-第 1 步，共 3 步"对话框，如图 3-16 所示，在"原始数据类型"选区中选中"分隔符号"单选按钮，将"导入起始行"设置为 1，"文件原始格式"设置为"简体中文（GB2312-80）"，设置完成后，单击"下一步"按钮。

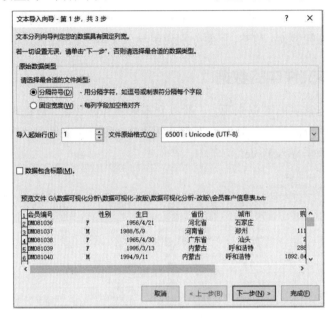

图 3-16　"文本导入向导-第 1 步，共 3 步"对话框

第三步：在弹出的"文本导入向导-第 2 步，共 3 步"对话框的"分隔符号"选区中勾选"Tab 键""空格"复选框，并勾选"连续分隔符号视为单个处理"复选框，因为本次处理的文本文件中的数据是使用 Tab 键或空格键分隔的，如图 3-17 所示，单击"下一步"按钮。

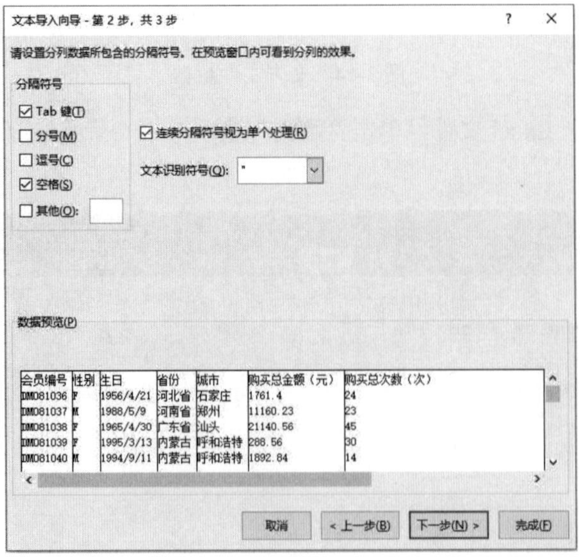

图 3-17　"文本导入向导-第 2 步，共 3 步"对话框

第四步：在弹出的"文本导入向导-第 3 步，共 3 步"对话框中可以设置"列数据格式"，如将"会员编号"列的数据格式设置为"文本"、"性别"列的数据格式设置为"文本"、"生日"列的数据格式设置为"日期"，如图 3-18 所示。

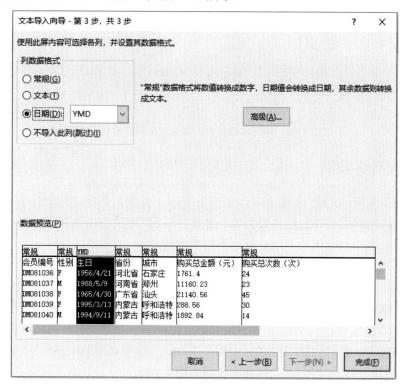

图 3-18　"文本导入向导-第 3 步，共 3 步"对话框

第五步：单击"完成"按钮，弹出"导入数据"对话框，如图 3-19 所示，根据需要选择数据的放置位置。

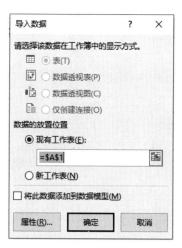

图 3-19　"导入数据"对话框

第六步：单击"确定"按钮，将文本数据导入第五步中指定的位置，如图 3-20 所示。

	A	B	C	D	E	F	G
1	会员编号	性别	生日	省份	城市	购买总金额（元）	购买总次数（次）
2	DM081036	F	1956/4/21	河北省	石家庄	1761.4	24
3	DM081037	M	1988/5/9	河南省	郑州	11160.23	23
4	DM081038	F	1965/4/30	广东省	汕头	21140.56	45
5	DM081039	F	1995/3/13	内蒙古	呼和浩特	288.56	30
6	DM081040	M	1994/9/11	内蒙古	呼和浩特	1892.84	14
7	DM081041	F	1979/9/28	辽宁省	沈阳	2485.74	46
8	DM081042	F	1964/7/26	吉林省	长春	4584.56	25
9	DM081043	M	1955/4/8	四川省	成都	984562.15	131
10	DM081043	F	1996/2/21	浙江省	台州	45186.88	11
11	DM081036	F	1956/4/21	河北省	石家庄	1761.4	24
12	DM081037	M	1988/5/9	河南省	郑州	11160.23	23
13	DM081038	F	1965/4/30	广东省	汕头	21140.56	45
14	DM081039	F	1995/3/13	内蒙古	呼和浩特	288.56	30

图 3-20　将文本数据导入第五步中指定的位置

3.3.2　导入网络数据

除本地文本数据外，网络数据是如今信息时代不可或缺的数据，如股票行情、产品报价、销售排行、统计局网站公布的经济数据等。并且，Excel 中还有刷新功能，即导入的网络数据可以根据网页数据的变化动态地更新，不需要重新导入。

下面以导入国家统计局网站的数据为例，说明导入网络数据的步骤。

第一步：新建一个 Excel 文件，单击"数据"选项卡中"获取外部数据"组的"自网站"按钮，弹出"新建 Web 查询"对话框，在"地址"文本框中输入需要插入的网络数据的网址。在此以导入国家统计局网站发布的《中华人民共和国 2021 年国民经济和社会发展统计公报》数据为例，在"地址"文本框中输入"http://www.stats.gov.cn/xxgk/sjfb/zxfb2020/202202/t20220228_1827971.html"，找到需要导入的数据表，单击数据表前面的黄色按钮，使其变为 ☑，选中需要导入的网络数据，单击"导入"按钮，如图 3-21 所示。

图 3-21　选中需要导入的网络数据

第二步：在弹出的"导入数据"对话框中选中"现有工作表"单选按钮并选择 A1 单元格，单击"确定"按钮，如图 3-22 所示。

网站中的数据将自动导入 Excel，导入后的数据如图 3-23 所示。

	A	B	C	D
1	产品名称	单位	产量	比上年增长（%）
2	纱	万吨	2873.7	9.8
3	布	亿米	502	9.3
4	化学纤维	万吨	6708.5	9.5
5	成品糖	万吨	1482.3	3.6
6	卷烟	亿支	24182.4	1.3
7	彩色电视机	万台	18496.5	-5.8
8	其中：液晶电视机	万台	17424.3	-9.5
9	家用电冰箱	万台	8992.1	-0.3
10	房间空气调节器	万台	21835.7	3.8
11	一次能源生产总量	亿吨标准煤	43.3	6.2
12	原煤	亿吨	41.3	5.7
13	原油	万吨	19888.1	2.1
14	天然气	亿立方米	2075.8	7.8
15	发电量	亿千瓦时	85342.5	9.7
16	其中：火电[24]	亿千瓦时	58058.7	8.9
17	水电	亿千瓦时	13390	-1.2
18	核电	亿千瓦时	4075.2	11.3

图 3-22 "导入数据"对话框 图 3-23 导入后的数据

有时候，网站中的数据可能会更新，Excel 为数据的更新提供了 3 种方式，分别是即时刷新、定时刷新、打开文件时自动刷新。

（1）即时刷新：在"数据"选项卡中单击"连接"组的"全部刷新"按钮，在弹出的下拉列表中选择"全部刷新"或"刷新"选项即可，如图 3-24 所示。

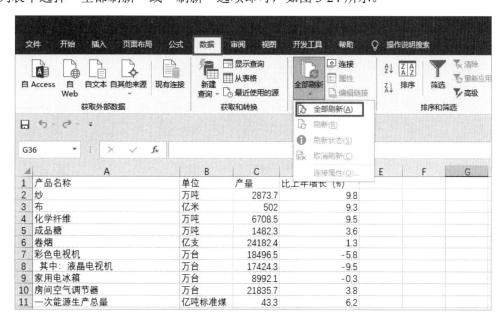

图 3-24 即时刷新

或者在导入的外部数据所在区域中选择任意一个单元格并右击，在弹出的快捷菜单中选择"刷新"命令，如图 3-25 所示。

图 3-25　选择"刷新"命令

（2）定时刷新与打开文件时自动刷新：在导入的外部数据所在区域中选择任意一个单元格并右击，在弹出的快捷菜单中选择"数据范围属性"命令，在弹出的"外部数据区域属性"对话框的"刷新控件"选区中勾选"刷新频率"复选框并设置时间间隔，或者勾选"打开文件时刷新数据"复选框，如图 3-26 所示。

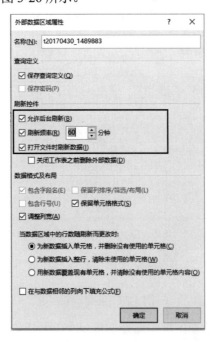

图 3-26　设置数据定时刷新与打开文件时自动刷新

当然,如果不想更新 Excel 中的数据,可以取消数据与导入网页之间的连接。单击"数据"选项卡中"连接"组的"连接"按钮,在弹出的"工作簿连接"对话框中删除连接即可,如图 3-27 所示。

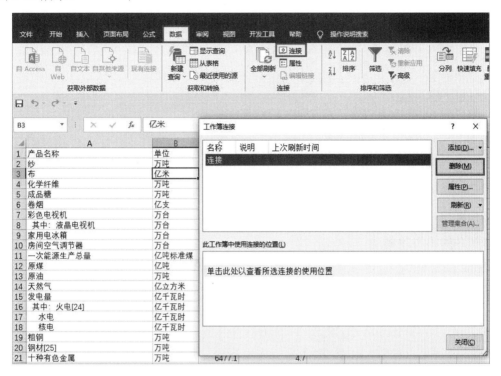

图 3-27   删除连接

3.4   数据清洗

数据清洗就是筛选出多余、重复的数据并将其清除,将缺失的数据补充完整,将错误的数据纠正或删除。数据清洗包括 3 部分:清除不必要的重复数据、填充缺失的数据、纠正或删除逻辑错误的数据。数据清洗的目的是为后面的数据加工提供完整、简洁、正确的数据。

3.4.1   重复数据的处理

通过数据源得到的数据不可避免地会有很多重复的数据,下面介绍几个处理重复数据的方法。

1.   数据工具法

第一步:选中需要筛选重复值的数据表,单击"数据"选项卡中"数据工具"组的"删除重复值"按钮,如图 3-28 所示。

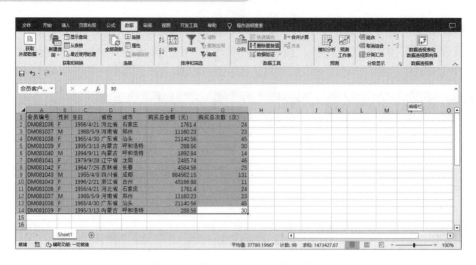

图 3-28　单击"删除重复值"按钮

第二步：在弹出的"删除重复项"对话框中，勾选一个或多个包含重复值的列，单击"确定"按钮，如图 3-29 所示。

图 3-29　"删除重复项"对话框

此时会提示重复值的个数，并提示已将重复值删除，如图 3-30 所示，单击"确定"按钮，实现重复数据的清除。

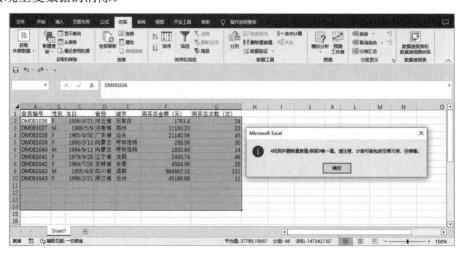

图 3-30　删除重复值提示

2. 高级筛选法

在 Excel 中，也可以利用筛选功能筛选出非重复值，具体操作步骤如下。

第一步：选中需要筛选数据的 A1:G14 单元格区域，单击"数据"选项卡中"排序和筛选"组的"高级"按钮，弹出"高级筛选"对话框，如图 3-31 所示。在"高级筛选"对话框的"方式"选区中选中"在原有区域显示筛选结果"单选按钮，并勾选"选择不重复的记录"复选框。

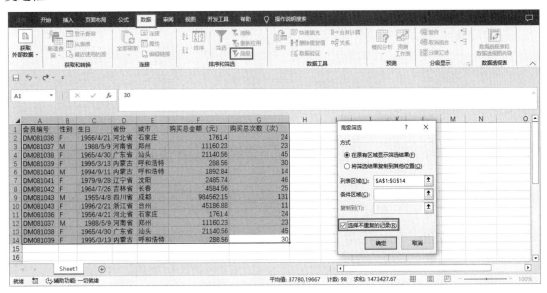

图 3-31　"高级筛选"对话框

第二步：单击"确定"按钮，系统自动把筛选后没有重复的数据从 A1 单元格的位置开始存储。筛选后的数据如图 3-32 所示。

	会员编号	性别	生日	省份	城市	购买总金额（元）	购买总次数（次）
1	会员编号	性别	生日	省份	城市	购买总金额（元）	购买总次数（次）
2	DM081036	F	1956/4/21	河北省	石家庄	1761.4	24
3	DM081037	M	1988/5/9	河南省	郑州	11160.23	23
4	DM081038	F	1965/4/30	广东省	汕头	21140.56	45
5	DM081039	F	1995/3/13	内蒙古	呼和浩特	288.56	30
6	DM081040	M	1994/9/11	内蒙古	呼和浩特	1892.84	14
7	DM081041	F	1979/9/28	辽宁省	沈阳	2485.74	46
8	DM081042	F	1964/7/26	吉林省	长春	4584.56	25
9	DM081043	M	1955/4/8	四川省	成都	984562.15	131
10	DM081043	F	1996/2/21	浙江省	台州	45186.88	11

图 3-32　筛选后的数据

3. 函数法

使用 COUNTIF 函数可以识别重复数据。COUNTIF 函数是对指定区域中符合指定条件的单元格计数，其形式为 COUNTIF(range,criteria)，其中，参数 range 代表要计算单元格数目的区域，参数 criteria 是以数字、表达式或文本形式定义的条件。

一般数据库中的数据均有一个主键，且不允许有重复的主键。如果主键的重复次数大于 1，则该数据就是重复的数据，将其删除即可。

第一步：在"会员编号"列与"性别"列之间插入两列，在 B1 单元格中输入"标记"，在 B2 单元格中输入"=COUNTIF(A:A,A1)"，按回车键，此时 B2 单元格中的数值是 2。单击 B2 单元格，将鼠标指针移动到 B2 单元格的右下角，此时鼠标指针变为十字形，双击，此单元格下方的单元格自动按此公式进行计算。或者将 B2 单元格里的公式复制到单元格区域 B3:B14，按回车键，完成后的效果如图 3-33 所示。

	A	B	C	D	E	F	G	H	I
1	会员编号	标记	标记公式	性别	生日	省份	城市	购买总金额（元）	购买总次数（次）
2	DM081036	2	=COUNTIF(A:A,A2)	F	1956/4/21	河北省	石家庄	1761.4	24
3	DM081037	2	=COUNTIF(A:A,A3)	M	1988/5/9	河南省	郑州	11160.23	23
4	DM081038	2	=COUNTIF(A:A,A4)	F	1965/4/30	广东省	汕头	21140.56	45
5	DM081039	2	=COUNTIF(A:A,A5)	F	1995/3/13	内蒙古	呼和浩特	288.56	30
6	DM081040	1	=COUNTIF(A:A,A6)	M	1994/9/11	内蒙古	呼和浩特	1892.84	14
7	DM081041	1	=COUNTIF(A:A,A7)	F	1979/9/28	辽宁省	沈阳	2485.74	46
8	DM081042	1	=COUNTIF(A:A,A8)	F	1964/7/26	吉林省	长春	4584.56	25
9	DM081043	1	=COUNTIF(A:A,A9)	M	1955/4/8	四川省	成都	984562.15	131
10	DM081043	1	=COUNTIF(A:A,A10)	F	1996/2/21	浙江省	台州	45186.88	11
11	DM081036	1	=COUNTIF(A:A,A11)	F	1956/4/21	河北省	石家庄	1761.4	24
12	DM081037	2	=COUNTIF(A:A,A12)	M	1988/5/9	河南省	郑州	11160.23	23
13	DM081038	2	=COUNTIF(A:A,A13)	F	1965/4/30	广东省	汕头	21140.56	45
14	DM081039	2	=COUNTIF(A:A,A14)	F	1995/3/13	内蒙古	呼和浩特	288.56	30

图 3-33　完成后的效果

第二步：删除标记大于 1 的记录。删除后的结果如图 3-34 所示。

	A	B	C	D	E	F	G	H	I
1	会员编号	标记	标记公式	性别	生日	省份	城市	购买总金额（元）	购买总次数（次）
2	DM081036	1	=COUNTIF(A:A,A2)	F	1956/4/21	河北省	石家庄	1761.4	24
3	DM081037	1	=COUNTIF(A:A,A3)	M	1988/5/9	河南省	郑州	11160.23	23
4	DM081038	1	=COUNTIF(A:A,A4)	F	1965/4/30	广东省	汕头	21140.56	45
5	DM081039	1	=COUNTIF(A:A,A5)	F	1995/3/13	内蒙古	呼和浩特	288.56	30
6	DM081040	1	=COUNTIF(A:A,A6)	M	1994/9/11	内蒙古	呼和浩特	1892.84	14
7	DM081041	1	=COUNTIF(A:A,A7)	F	1979/9/28	辽宁省	沈阳	2485.74	46
8	DM081042	1	=COUNTIF(A:A,A8)	F	1964/7/26	吉林省	长春	4584.56	25
9	DM081043	1	=COUNTIF(A:A,A9)	M	1955/4/8	四川省	成都	984562.15	131

图 3-34　删除后的结果

4. 条件格式法

1）通过菜单标记重复值

选中需要清除重复值的列，单击"开始"选项卡中"样式"组的"条件格式"按钮，在弹出的下拉列表中选择"突出显示单元格规则"→"重复值"选项，如图 3-35 所示，就可以把重复的数据及其所在单元格标注为不同的颜色，根据需要进行删除即可。

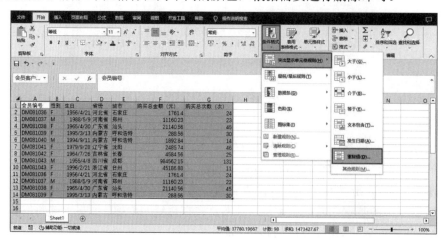

图 3-35　选择"突出显示单元格规则"→"重复值"选项

2）通过排序删除重复值

第一步：选中所有数据，单击"数据"选项卡中"排序和筛选"组的"排序"按钮，如图 3-36 所示。

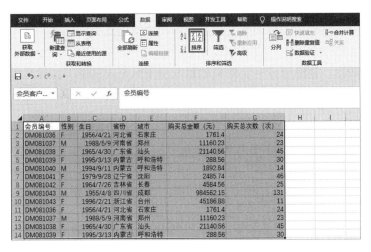

图 3-36　单击"排序"按钮

第二步：在弹出的"排序"对话框中，将"主要关键字"设置为"会员编号"，"排序依据"设置为"数值"，"次序"设置为"升序"，如图 3-37 所示。

图 3-37　"排序"对话框

第三步：单击"确定"按钮，Excel 自动将数据按照会员编号进行排序，完成排序后，所有重复值均连续排列，排序结果如图 3-38 所示。选择重复值并删除即可。

	A	B	C	D	E	F	G
1	会员编号	性别	生日	省份	城市	购买总金额（元）	购买总次数（次）
2	DM081036	F	1956/4/21	河北省	石家庄	1761.4	24
3	DM081036	F	1956/4/21	河北省	石家庄	1761.4	24
4	DM081037	M	1988/5/9	河南省	郑州	11160.23	23
5	DM081037	M	1988/5/9	河南省	郑州	11160.23	23
6	DM081038	F	1965/4/30	广东省	汕头	21140.56	45
7	DM081038	F	1965/4/30	广东省	汕头	21140.56	45
8	DM081039	F	1995/3/13	内蒙古	呼和浩特	288.56	30
9	DM081039	F	1995/3/13	内蒙古	呼和浩特	288.56	30
10	DM081040	M	1994/9/11	内蒙古	呼和浩特	1892.84	14
11	DM081041	F	1979/9/28	辽宁省	沈阳	2485.74	46
12	DM081042	F	1964/7/26	吉林省	长春	4584.56	25
13	DM081043	M	1955/4/8	四川省	成都	984562.15	131
14	DM081043	F	1996/2/21	浙江省	台州	45186.88	11

图 3-38　排序结果

3.4.2 缺失数据的处理

数据缺失是指在收集数据的过程中，某个或某些属性的值不完整。如果缺失的数据太多，说明在收集数据的过程中存在问题，可以接受的标准是缺失的数据在 10%以下。数据缺失的原因多种多样，如市场调查中被调查人拒绝回答相关问题或答案无效、录入人员失误、机器故障等。

查看缺失的数据，首先应该确定缺失的数据位于数据表的哪个位置。单击"开始"选项卡中"编辑"组的"查找和选择"按钮，在弹出的下拉列表中选择"定位条件"选项，打开"定位条件"对话框，先选中"空值"单选按钮，然后单击"确定"按钮，如图 3-39 所示，所有的空值被一次性选中。

图 3-39 "定位条件"对话框

定位缺失数据的位置后就可以填充数据了。处理缺失的数据常用的方法有 4 种。

（1）用一个样本统计量的值代替缺失的数据，最典型的做法是使用该变量的样本平均值代替缺失的数据。

（2）用一个统计模型计算出来的值代替缺失的数据。

（3）将有缺失数据的记录删除，这样将导致样本数量的减少。

（4）将有缺失数据的记录保留，只在相应的分析中排除。

对于缺失的数据，可以使用查找替换的方法进行修复。假设学生成绩表中有部分学生的成绩缺失，为了分析方便，我们用 0 来填充缺失的学生成绩。

第一步：对缺失的数据进行定位。选中学生各科目成绩，即 B2:D16 单元格区域，单击"开始"选项卡中"编辑"组的"查找和选择"按钮，在弹出的下拉列表中选择"定位条件"选项，打开"定位条件"对话框，选中"空值"单选按钮，单击"确定"按钮，如图 3-40 所示。

定位完成后，所有缺失数据的单元格如图 3-41 所示。

第二步：单击"开始"选项卡中"编辑"组的"查找和选择"按钮，在弹出的下拉列表中选择"替换"选项，弹出"查找和替换"对话框，如图 3-42 所示，根据需要将不同的错误标识修改为需要的数据。

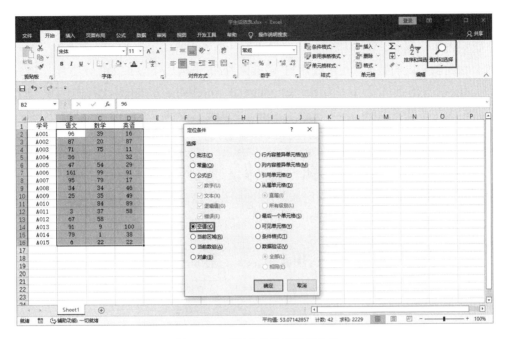

图 3-40　对缺失的数据进行定位

	A	B	C	D
1	学号	语文	数学	英语
2	A001	96	39	16
3	A002	87	20	87
4	A003	71	75	11
5	A004	36		32
6	A005	47	54	29
7	A006	161	99	91
8	A007	95	79	17
9	A008	34	34	46
10	A009	25	35	49
11	A010		84	89
12	A011	3	37	58
13	A012	67	58	
14	A013	91	9	100
15	A014	79	1	38
16	A015	6	22	22

图 3-41　所有缺失数据的单元格

图 3-42　"查找和替换"对话框

对于有逻辑错误的数据，在分析之前需要清除逻辑错误。逻辑错误就是有不应该取的值出现在数据表中。例如，性别栏只能填写男或女，但性别栏下的数据项有其他值。

对于有逻辑错误的数据，可以使用 IF 函数来判断，辅以 AND 或 OR 函数找出错误并进行修改。IF 函数的形式是 IF(logical_test,value_if_true,Value_if_false)，其中，第一个参数 logical_test 代表满足的条件，第二个参数 value_if_true 代表满足条件时应该返回的值，第三个参数 value_if_false 代表不满足条件时应该返回的值，每一个参数又可以是其他函数返回的值。例如，使用 IF 函数判断语文成绩是否有误，可在 E2 单元格中输入“=IF(OR(B2>100,B2<0),"异常","正常")”，按回车键，此时，E2 单元格显示为正常，将 E2 单元格中的公式复制到 E3:E16 单元格区域，结果如图 3-43 所示。

E2 =IF(OR(B2>100,B2<0),"异常","正常")

	A	B	C	D	E	F
1	学号	语文	数学	英语	语文成绩是否异常	
2	A001	96	39	16	正常	
3	A002	87	20	87	正常	
4	A003	71	75	11	正常	
5	A004	36	0	32	正常	
6	A005	47	54	29	正常	
7	A006	161	99	91	异常	
8	A007	95	79	17	正常	
9	A008	34	34	46	正常	
10	A009	25	35	49	正常	
11	A010	0	84	89	正常	
12	A011	3	37	58	正常	
13	A012	67	58	0	正常	
14	A013	91	9	100	正常	
15	A014	79	1	38	正常	
16	A015	6	22	22	正常	

图 3-43　使用 IF 函数判断语文成绩是否有误

找出异常结果，并进行修改。

3.5　数据加工

经过清洗后的数据，并不一定是我们想要的数据，还需要进一步对数据进行提取、计算、分组、转换等，让它变成我们需要的数据。

3.5.1　数据抽取

数据抽取是指将原数据表中某些字段的部分信息，组合成一个新的字段。可以进行字段分列，即截取某字段的部分信息，如抽取身份证号码中的出生年月；也可以进行字段合并，即将某几个字段合并为一个新字段；还可以进行字段匹配，即将原数据表中没有但其他数据表中有的字段匹配为新的字段。下面分别说明如何进行相关操作。

字段分列常用方法有两种：一种是菜单法，另一种是函数法。下面分别介绍这两种方法。

1. 菜单法

第一步：选中需要分列的数据，单击"数据"选项卡中"数据工具"组的"分列"按钮，在弹出的"文本分列向导-第 1 步，共 3 步"对话框中选中"分隔符号"单选按钮，如图 3-44 所示。

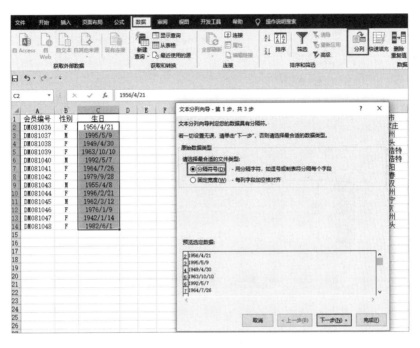

图 3-44 选中"分隔符号"单选按钮

第二步：单击"下一步"按钮，弹出"文本分列向导-第 2 步，共 3 步"对话框，在"分隔符号"选区中勾选"其他"复选框，输入"/"，如图 3-45 所示。

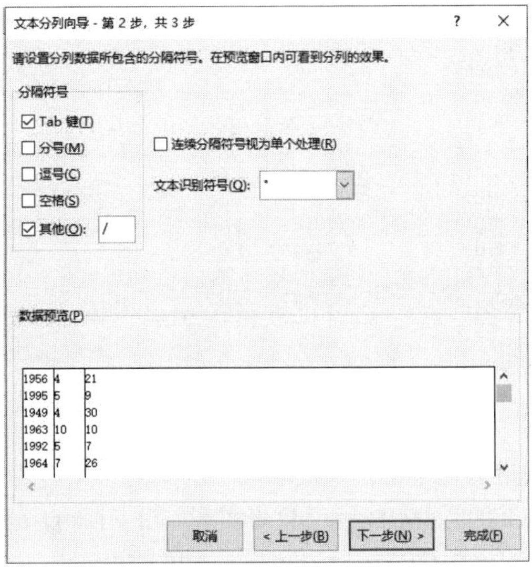

图 3-45 输入"/"

第三步：单击"下一步"按钮，弹出"文本分列向导-第3步，共3步"对话框，分别设置分隔后每列的"列数据格式"，将"目标区域"设置为D2单元格，如图3-46所示。

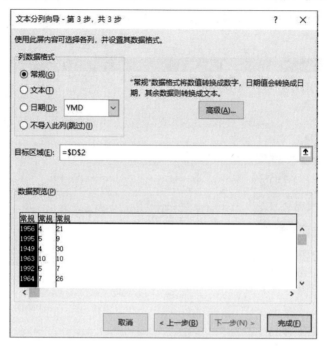

图3-46　设置"列数据格式"和"目标区域"

单击"完成"按钮，分别在D1、E1、F1单元格输入"出生年份""出生月份""出生日期"，分列后的数据表如图3-47所示。

	A	B	C	D	E	F
1	会员编号	性别	生日	出生年份	出生月份	出生日期
2	DM081036	F	1956/4/21	1956	4	21
3	DM081037	M	1995/5/9	1995	5	9
4	DM081038	F	1949/4/30	1949	4	30
5	DM081039	F	1963/10/10	1963	10	10
6	DM081040	M	1992/5/7	1992	5	7
7	DM081041	F	1964/7/26	1964	7	26
8	DM081042	F	1979/9/28	1979	9	28
9	DM081043	M	1955/4/8	1955	4	8
10	DM081044	F	1996/2/21	1996	2	21
11	DM081045	M	1962/3/12	1962	3	12
12	DM081046	F	1976/1/9	1976	1	9
13	DM081047	F	1942/1/14	1942	1	14
14	DM081048	F	1982/6/1	1982	6	1

图3-47　分列后的数据表

2. 函数法

有时我们需要提取特定的几个字符或提取其中的第几个字符，并且没有特定的分隔符，此时就需要借助LEFT、RIGHT、MID等函数来实现。LEFT(text, num_chars)函数表示从text的左边取num_chars个字符；RIGHT(text,num_chars)函数表示从text的右边取num_chars个字符；MID(text, start_num,num_chars)函数表示从text指定的起始位置start_num取num_chars

个字符。text 可以是字符，也可以是单元格的引用，如果是单元格的引用，则截取单元格里存储的内容。

以提取会员编号中的数字为例，从会员编号中可以看到，数字在会员编号后六位，在 B2 单元格中输入"=RIGHT(A2,6)"，按回车键，此时已经提取会员编号的后六位并放到 B2 单元格中，接着将 B2 单元格的公式复制并粘贴到 B3:B14 单元格区域中，结果如图 3-48 所示。

图 3-48　提取会员编号中的数字的结果

3.5.2　字段合并

字段合并是将多个字段的文字或数字合并成一个单元格，最常用的是 CONCATENATE 函数。CONCATENATE(A1,B1)函数的作用是将 A1 单元格里的内容与 B1 单元格里的内容合并，如果需要合并多个单元格，只需在后面添加相应的单元格名称即可。使用 CONCATENATE 函数将图 3-49 中的"省份"列与"城市"列合并为"购买省份及城市"列的方法如下。

在 F2 单元格输入"=CONCATENATE(D2,E2)"，按回车键，此时，D2 单元格与 E2 单元格中的内容合并在 F2 单元格内。将 F2 单元格中的公式复制到 F3:F10 单元格区域中，实现"省份"列与"城市"列的合并，合并后的结果如图 3-49 所示。

图 3-49　合并后的结果

3.5.3　字段匹配

有时我们需要的数据是跨表的，这就需要用到字段匹配。常用的字段匹配函数是 VLOOKUP 函数，VLOOKUP 函数的作用是在表格的首列查找指定的数据，并返回指定的数据所在行中指定列的单元格。

VLOOKUP 函数的形式是 VLOOKUP(lookup_value,table_array,col_index_num,range_lookup)，其中，参数 lookup_value 表示在表格或区域的第一列中查找；参数 table_array 表示查找的范围，也就是说在哪里查找，可以跨表，也可在同一个表中查找；参数 col_index_num 表示返回 table_array 中第 col_index_num 列的值；参数 range_lookup 表示模糊匹配或精确匹配，TRUE 表示模糊匹配，FALSE 表示精确匹配。

下面以具体例题讲解 VLOOKUP 函数的使用。会员客户信息表如图 3-50 所示，发货表如图 3-51 所示，现需要在会员客户信息表中插入发货表中的客户名称，以便对数据进行分析。操作步骤如下。

	A	B	C	D	E	F
1	会员编号	会员姓名	性别	生日	职业	省份
2	DM081036		F	1956/4/21	技术性人员	河北省
3	DM081037		M	1995/5/9	服务工作人员	河南省
4	DM081038		F	1949/4/30	监督及佐理人员	广东省
5	DM081039		F	1963/10/10	行政及主管人员	内蒙古
6	DM081040		M	1992/5/7	服务工作人员	内蒙古
7	DM081041		F	1964/7/26	服务工作人员	辽宁省
8	DM081042		F	1979/9/28	行政及主管人员	吉林省
9	DM081043		M	1955/4/8	家政管理	湖北省
10	DM081044		F	1996/2/21	其他	河南省
11	DM081045		M	1962/3/12	服务工作人员	广西省
12	DM081046		F	1976/1/9	行政及主管人员	北京市
13	DM081047		F	1942/1/14	技术性人员	甘肃省
14	DM081048		F	1982/6/1	服务工作人员	广东省

图 3-50　会员客户信息表

B2			fx	Darren Budd			
	A	B	C	D	E	F	
1	会员编号	客户名称	订单日期	订单优先级	产品类别	产品箱类型	产品名称
2	DM081036	Darren Budd	2007/12/28 0:00	Critical	Softline	Large Box	Tennsco Snap-Together (
3	DM081037	Marina Lichtenstein	2007/12/28 0:00	Not Specified	Hardline	Jumbo Drum	Hon Deluxe Fabric Uphol
4	DM081038	Dorris Love	2007/12/28 0:00	Not Specified	Softline	Wrap Bag	Rediform Wirebound "Pho
5	DM081039	Matt Collins	2007/12/28 0:00	High	Grocery	Small Pack	Memorex 4.7GB DVD+RW, 3
6	DM081040	Robert Waldorf	2007/12/28 0:00	High	Softline	Small Box	IBM Multi-Purpose Copy
7	DM081041	Jessica Myrick	2007/12/29 0:00	High	Softline	Small Box	Perma STOR-ALL™ Hanging
8	DM081042	Matt Collister	2007/12/29 0:00	Not Specified	Softline	Large Box	Safco Industrial Wire S
9	DM081043	Alan Schoenberger	2007/12/30 0:00	Low	Hardline	Jumbo Drum	Hon 4070 Series Pagoda"
10	DM081044	Elizabeth Moffitt	2007/12/30 0:00	Critical	Softline	Wrap Bag	White GlueTop Scratch P
11	DM081053	David Philippe	2007/12/30 0:00	Critical	Softline	Small Box	Avery Trapezoid Ring Bi
12	DM081054	Patrick Jones	2007/12/31 0:00	High	Hardline	Jumbo Box	Bush Advantage Collecti
13	DM081055	Larry Tron	2007/12/31 0:00	High	Hardline	Medium Box	36X48 HARDFLOOR CHAIRMA
14	DM081056	Alex Russell	2007/12/31 0:00	High	Softline	Wrap Bag	Dixon Prang® Watercolor
15	DM081057	Bill Donatelli	2007/12/31 0:00	High	Softline	Small Box	Xerox 4200 Series Multi
16	DM081058	Ann Steele	2007/12/31 0:00	Not Specified	Grocery	Jumbo Drum	Panasonic KX-P2130 Dot
17	DM081059	Andy Reiter	2007/12/31 0:00	Low	Grocery	Small Box	Fellowes Mobile Numeric
18	DM081060	Dave Hallsten	2008/1/1 0:00	High	Hardline	Jumbo Drum	Office Star - Professio
19	DM081061	Tamara Dahlen	2008/1/1 0:00	Critical	Softline	Small Box	Cardinal Poly Pocket Di

会员客户信息表　发货表

图 3-51　发货表

先在会员客户信息表的 B2 单元格中输入 "=VLOOKUP(A2,发货表!A:B,2,FALSE)"，按回车键，将发货表中会员编号为 DM081038 的客户名称 Dorris Love 引用过来。然后将 B2 单元格中的公式复制到 B3:B10 单元格区域中，字段匹配结果如图 3-52 所示。

图 3-52　字段匹配结果

3.5.4　数据计算

有时，我们不能从数据表中直接提取需要的数据，但是可以通过计算得到我们需要的数据。

某公司成都两家分店 2022 年的销售数据如图 3-53 所示，现在想计算每个月的销售额及每个店一年的总销售额。计算方法如下。

图 3-53　某公司成都两家分店 2022 年的销售数据

（1）计算小计：先在 D2 单元格中输入 "=B2+C2"，按回车键。然后将 D2 单元格中的公式复制到 D3:D13 单元格区域中，计算结果如图 3-54 所示。

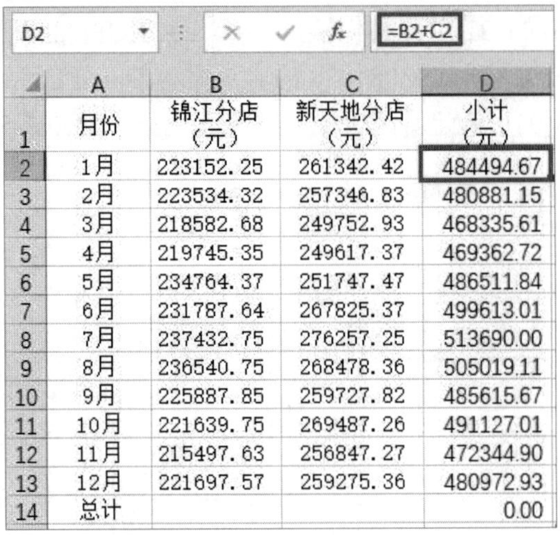

图 3-54　小计的计算结果

（2）计算总计：如果单元格的数量太多，一个一个单击单元格来计算可能会遗漏，我们可以使用 SUM 函数来计算每个店一年的销售总额。选中需要计算的单元格，单击"公式"选项卡中"函数库"组的"自动求和"按钮，在弹出的下拉列表中选择"求和"选项，Excel 会自动计算 B2:B13 单元格区域的和并将结果放入 B14 单元格，如图 3-55 所示。

图 3-55　自动求和

使用相同的方法计算新天地分店和两家分店的销售总额，计算结果如表 3-56 所示。

C14 =SUM(C2:C13)

	A	B	C	D
1	月份	锦江分店（元）	新天地分店（元）	小计（元）
2	1月	223152.25	261342.42	484494.67
3	2月	223534.32	257346.83	480881.15
4	3月	218582.68	249752.93	468335.61
5	4月	219745.35	249617.37	469362.72
6	5月	234764.37	251747.47	486511.84
7	6月	231787.64	267825.37	499613.01
8	7月	237432.75	276257.25	513690.00
9	8月	236540.75	268478.36	505019.11
10	9月	225887.85	259727.82	485615.67
11	10月	221639.75	269487.26	491127.01
12	11月	215497.63	256847.27	472344.90
13	12月	221697.57	259275.36	480972.93
14	总计	2710262.91	3127705.71	5837968.62

图 3-56 计算结果

下面介绍几个简单实用的函数。

1. 平均值和总和

求平均值函数为 AVERAGE，求和函数为 SUM，具体形式如下。

AVERAGE(number1,number2,…)：求所有参数值的平均值。

SUM(number1,number2,…)：求所有参数值的和。

括号内是需要计算的参数，参数可以为数字、单元格引用、区域或自定义的名称，参数与参数之间用逗号隔开。

例如：图 3-56 中“=SUM(C2: C13)”，括号内的参数代表 C2:C13 单元格区域，计算的是 C2、C3、C4、C5、C6、C7、C8、C9、C10、C11、C12、C13 单元格内所有数值的和。

2. 日期和时间函数

常用的日期和时间函数如下。

NOW(logical)：返回当前日期。

DATE(year, mouth, day)：返回某指定日期。

YEAR(serial_number)：返回某日期对应的年份。

MONTH(serial_number)：返回以序列号表示的日期中的月份，用整数 1～12 表示。

DAY(serial_number)：返回以序列号表示的日期的天数，用整数 1～31 表示。

DATEDIF（start_date, date_end, unit)：计算时间差，根据单位代码的不同返回年月日等，单位代码如图 3-57 所示。

序号	参数代码	说明
1	Y	返回参数1和2的年数之差
2	M	返回参数1和2的月数之差
3	D	返回参数1和2的天数之差
4	YM	返回参数1和2的月数之差，忽略年和日
5	YD	返回参数1和2的天数之差，忽略年，按照月、日计算天数
6	MD	返回参数1和2的天数之差，忽略年和月

图 3-57 单位代码

例如：用 DATEDIF 函数计算工龄，在 D2 单元格中输入"=DATEDIF(A2, B2, "Y")&"年""，其中 A2 代表开始日期，B2 代表结束日期，D2 单元格的意思是计算 2012 年 3 月 10日与 2017 年 5 月 3 日的年份之差，D6 单元格除了计算年份之差，还计算了月份之差，YM代表只考虑月份之间的差距，不考虑年份，如图 3-58 所示。

	A	B	C	D	E
1	入职日期	现在日期	现在日期函数	工龄（年）	工龄（年）函数
2	2012/3/10	2017/5/3	=now()	5年	=DATEDIF(A2,B2,"Y") & "年"
3	2015/7/28	2017/5/3	=now()	1年	=DATEDIF(A3,B3,"Y") & "年"
4					
5				工龄（年月）	工龄（年月）函数
6				5年1月	=DATEDIF(A2,B2,"Y") & "年" & DATEDIF(A2,B2,"YM") &"月"
7				1年9月	=DATEDIF(A3,B3,"Y") & "年" & DATEDIF(A3,B3,"YM") &"月"

图 3-58　使用 DATEDIF 函数计算工龄

3.5.5　数据分组

数据分组就是根据数据的类别或数值的大小进行分组。在 Excel 中，实现数据分组主要使用 IF 函数或 VLOOKUP 函数。

例如，图 3-59 中的数据可以使用 IF 函数进行分组，根据年龄分组，年龄大于 60 岁的为老年，大于 35 岁且小于或等于 60 岁的为中年，其他的为青年。操作步骤如下。

先在 E2 单元格中输入"=IF(D2>60,"老年",IF(D2>35,"中年","青年"))"，按回车键，此时E2 单元格显示"老年"。将 E2 单元格中的公式复制到 E3:E10 单元格区域中，完成后的表格如图 3-59 所示。

	A	B	C	D	E	F	G
	会员编号	性别	生日	年龄	按年龄进行分组	职业	省份
2	DM081036	F	1956/4/21	67	老年	技术性人员	河北省
3	DM081037	M	1995/5/9	28	青年	服务工作人员	河南省
4	DM081038	M	1949/4/30	74	老年	监督及佐理人员	广东省
5	DM081039	F	1963/10/10	59	中年	行政及主管人员	内蒙古
6	DM081040	M	1992/5/7	31	青年	服务工作人员	内蒙古
7	DM081041	F	1964/7/26	58	中年	服务工作人员	辽宁省
8	DM081042	F	1979/9/28	43	中年	行政及主管人员	吉林省
9	DM081043	M	1955/4/8	68	老年	家政管理	湖北省
10	DM081044	F	1996/2/21	27	青年	其他	河南省
11	DM081045	M	1962/3/12	61	老年	服务工作人员	广西省
12	DM081046	F	1976/1/9	47	中年	行政及主管人员	北京市
13	DM081047	F	1942/1/14	81	老年	技术性人员	甘肃省
14	DM081048	F	1982/6/1	40	中年	服务工作人员	广东省

图 3-59　完成后的表格

3.5.6　数据转换

数据转换分为数据表的行列互换和数据类型的互换。对于数据表的行列互换，有时我们需要根据表格及需求把数据的行列互换，使分析更加方便。数据表的行列互换可以采用选择性粘贴的方式实现，操作步骤如下。

第一步：复制需要转换的数据区域。选中需要互换的行列数据并右击，在弹出的快捷菜单中选择"复制"命令，如图 3-60 所示。

产品季度销售情况表（单位：万元）				
产品名称	第1季度	第2季度	第3季度	第4季度
冰箱	100	80	70	90
电视机	95	85	75	85
空调	80	95	100	95
洗衣机	73	65	57	83
加湿器	72	63	64	58
扫地机器人	59	58	55	77
电吹风	63	86	61	71
饮水机	79	76	90	75
电烤箱	75	87	75	90
电饭煲	67	72	51	73

图 3-60　复制数据

第二步：选择一个空白单元格并右击，在弹出的快捷菜单中选择"粘贴选项"→"转置"命令，如图 3-61 所示。

图 3-61　选择"粘贴选项"→"转置"命令

转置后的效果如图 3-62 所示。

产品季度销售情况表（单位：万元）										
产品名称	冰箱	电视机	空调	洗衣机	加湿器	扫地机器人	电吹风	饮水机	电烤箱	电饭煲
第1季度	100	95	80	73	72	59	63	79	75	67
第2季度	80	85	95	65	63	58	86	76	87	72
第3季度	70	75	100	57	64	55	61	90	75	51
第4季度	90	85	95	83	58	77	71	75	90	73

图 3-62　转置后的效果

3.6 数据抽样

数据抽样就是从海量的数据中抽取样本。数据抽样是指从数据中按照随机原则选取一部分数据作为样本进行分析，以此推断总体状况的一种分析方法，在数据抽样中，常用的是RADN 函数。

RAND 函数返回大于或等于 0 及小于 1 的均匀分布的一个随机数，而且每次计算工作表时都将重新返回一个新的值。如果要随机抽取 0～100 之间的数值，只需将公式修改为"=RAND()*100"即可，如果要随机抽取 50～100 之间的随机数，只需将公式修改为"=RAND()*50+50"即可。

例如，在会员客户信息表中想随机抽取 5 人获得公司特别幸运奖，操作步骤如下。

第一步：先将"会员编号"列复制到 B1 单元格，在 A2 单元格中输入"1"，在 A3 单元格中输入"=A2+1"，再将 A3 单元格中的公式复制到 A4:A21 单元格区域中，生成不重复的序号，如图 3-63 所示。

	A	B
1	序号	会员编号
2	1	DM081036
3	2	DM081037
4	3	DM081038
5	4	DM081039
6	5	DM081040
7	6	DM081041
8	7	DM081042
9	8	DM081043
10	9	DM081044
11	10	DM081045
12	11	DM081046
13	12	DM081047
14	13	DM081048
15	14	DM081049
16	15	DM081050
17	16	DM081051
18	17	DM081052
19	18	DM081053
20	19	DM081054
21	20	DM081055
22	21	DM081056

图 3-63 生成序号

第二步：利用 RAND 函数生成随机序号，为方便查看，抽取 20 个会员编号。先在 D2 单元格中输入"=INT（1+RAND()*20)"，INT 函数是取整函数。然后将 D2 单元格中的公式复制到 D3:D6 单元格区域中，按回车键，此时生成 5 个随机序号，如果有重复的序号，可以将其删除并重新生成，如图 3-64 所示。

第三步：利用 VLOOKUP 函数得到随机序号对应的会员编号。先在 F2 单元格中输入"=VLOOKUP(D2,A:B,2,FALSE)"，然后将 F2 单元格中的公式复制到 F3:F6 单元格区域中，抽样后的数据如图 3-64 所示。

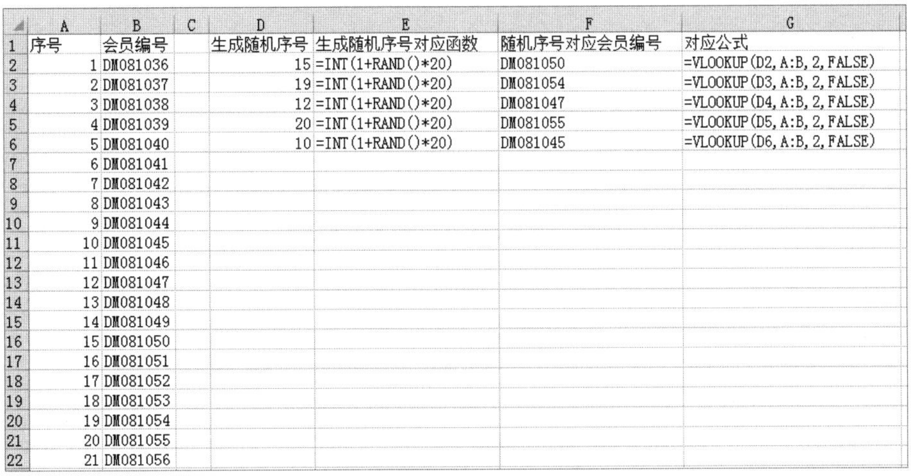

图 3-64　生成随机序号并得到对应的会员编号

也可以使用 INDIRECT 函数与 RANDBETWEE 函数实现随机抽取。先在 C2 单元格输入 "=INDIRECT("A"&RANDBETWEEN(2,21))"，然后将 C2 单元格中的公式复制到 C3:C5 单元格区域中，抽取结果如图 3-65 所示。

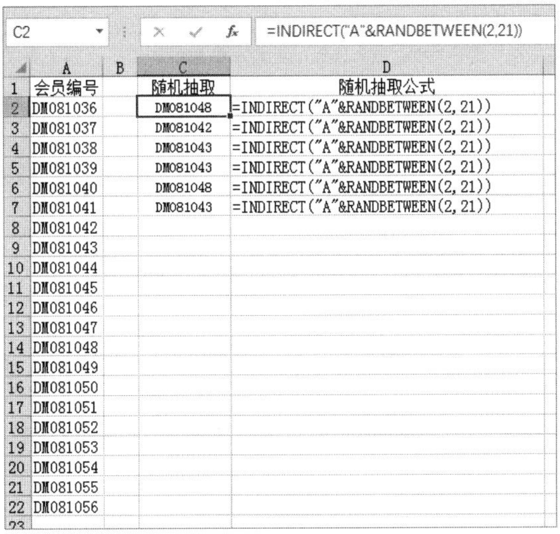

图 3-65　抽取结果

Excel 的常用函数如表 3-3 所示，由于篇幅所限，具体使用方法请参考相关图书或帮助文档。

表 3-3　Excel 的常用函数

函　数　名	功　　能	用　途　示　例
ABS	求参数的绝对值	数据计算
AND	"与"运算，返回逻辑值，仅当所有参数的结果均为真（TRUE）时返回真（TRUE），否则返回假（FALSE）	条件判断

函 数 名	功　能	用途示例
AVERAGE	求所有参数的算术平均值	数据计算
COLUMN	显示所引用单元格的列标号值	显示位置
CONCATENATE	将多个字符文本或单元格中的数据连接在一起，并显示在一个单元格中	字符合并
COUNTIF	统计某个单元格区域中符合指定条件的单元格的数量	条件统计
DATE	给出指定数值的日期	显示日期
DATEDIF	计算两个日期参数的差值	计算天数
DAY	计算参数中指定日期是一个月中的第几天	计算天数
DCOUNT	返回数据库或列表的列中满足指定条件并且包含数字的单元格数量	条件统计
FREQUENCY	以一列垂直数组返回一组数据的频率分布	概率计算
IF	判断是否满足指定条件，返回相应的计算结果	条件计算
INDEX	在给定的单元格区域中，返回特定行列交叉处单元格的值或引用	数据定位
INT	将数值向下取整为最接近的整数	数据计算
ISERROR	检查一个值是否错误。如果错误，则返回 TRUE，否则返回 FALSE	逻辑判断
LEFT	从一个文本字符串的第一个字符开始，返回指定个数的字符	截取数据
LEN	统计文本字符串中的字符个数	字符统计
MATCH	返回在指定方式下与指定数值匹配的元素在数组中的相应位置	匹配位置
MAX	求一组数中的最大值	数据计算
MID	从一个文本字符串的指定位置开始，截取指定个数的字符	字符截取
MIN	求一组数中的最小值	数据计算
MOD	求两数相除的余数	数据计算
MONTH	求指定日期或引用单元格中日期的月份	日期计算
NOW	给出当前日期和时间	显示日期时间
OR	仅当所有参数值均为假（FALSE）时，返回假（FALSE），否则返回真（TRUE）	逻辑判断
RANK	返回某数值在一列数值中的相对于其他数值的大小排名	数据排序
RIGHT	从一个文本字符串的最后一个字符开始，返回指定个数的字符	字符截取
SUBTOTAL	返回列表或数据库的分类汇总	分类汇总
SUM	求一组数值的和	数据计算
SUMIF	计算符合指定条件的单元格区域内数值的和	条件数据计算
TEXT	根据指定的数值格式将数字转换为文本	数值文本转换
TODAY	给出当前日期	显示日期
VALUE	将一个代表数值的文本字符串转换为数值型的	文本数值转换
VLOOKUP	在数据表的首列查找满足条件的数值，确定待检索单元格在区域中的行序号，再返回选定单元格的值	条件定位
WEEKDAY	返回代表一周中的第几天的数值，是一个 1 到 7 之间的整数	星期计算

Excel 的常用错误提示如表 3-4 所示。

表 3-4 Excel 的常用错误提示

错 误 提 示	错 误 原 因	解 决 方 法
#####	单元格所含的数字、日期等长度比单元格宽或单元格的日期公式产生一个负值	调整列宽
#VALUE!	使用错误的参数或运算对象类型，或者公式自动更正功能不能更正公式	确认公式或函数需要的运算符号、参数正确，且公式引用的单元格中包含有效的数值
#DIV/0!	一个数除以 0 或不包含任何值的单元格	更改除数
#N/A	某个值不可用于公式或函数	删除公式或函数中不可用的值
#NAME?	无法识别公式中的文本	检查公式中的函数或字符是否正确
#REF!	单元格引用无效	删除公式中引用无效的单元格
#NULL!	指定两个不相交区域的交集时，交集运算符是分隔公式中引用的空格字符	更改公式中的单元格引用区域，使引用区域相交
#NUM!	公式或函数中包含无效数据	删除函数或公式中的无效数据

习 题

1．结合本书素材文件中的企业案例数据——2022 年四川分店销售情况表，将二维表转换为一维表。

2．任选一个网站，找到感兴趣的数据，并将数据导入 Excel。

3．结合本书素材文件中的企业案例数据——供货发货表，清除表中所有的重复数据。

4．结合本书素材文件中的企业案例数据——离职员工表，抽取离职员工的出生年月日，并计算离职年限。

5．结合本书素材文件中的企业案例数据——离职员工表，根据离职年限对员工工号进行分组。

6．举例说明 VLOOKUP、SUMIF 函数的使用方法。

>>>>>>

第4章

数据分析方法

学习目标

（1）熟练运用数据分析常用术语。
（2）理解数据基本分析方法的应用场景。
（3）掌握并能运用数据透视表。
（4）培养学生独立思考的能力和认真负责的品格。

知识结构图

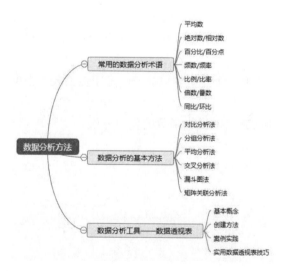

从第1章和第3章可知，很多企业在生产经营活动中都会产生大量的数据，使用合理的分析方法对数据进行挖掘，进而指导企业的运营和决策，对企业增强竞争力和提高规避风险的能力具有重要作用。可以说，在当今竞争与机遇并存的数字信息化时代，数据分析的重要性越发凸显，掌握数据分析知识也将成为数字时代的基本素质要求。

4.1　常用的数据分析术语

在数据分析过程中，我们经常会遇到很多专业术语，如环比、同比、翻番等，在正式开始学习数据分析方法前，需要对这些专业术语进行学习。

4.1.1　平均数

对于 n 个数 x_1，x_2，…，x_n，把（$x_1+x_2+\cdots+x_n$）$\div n$ 叫作这 n 个数的算术平均数，简称平均数。公式如下：

$$平均数=\frac{总数量和}{总份数}$$

平均数表示一组数据的平均水平，是反映数据集中趋势的一项指标，代表总体的一般水平，掩盖了各单位之间的差异。

学生成绩如表 4-1 所示，如何求出每个学生的平均成绩及每门课程的平均成绩呢？

表 4-1　学生成绩

学号	姓名	语文	数学	英语	总分	总评
41600307	罗艳	63	87	79	229	良好
41600717	陈露	89	90	84	263	优秀
41600824	廖梦贞	82	90	80	252	优秀
41600940	张天臣	24	90	87	201	及格
41601016	刘浩	79	86	79	244	良好
41601103	敬兴齐	84	90	88	262	优秀

我们可以借助 AVERAGE 函数求平均值，学生的平均成绩如图 4-1 所示。

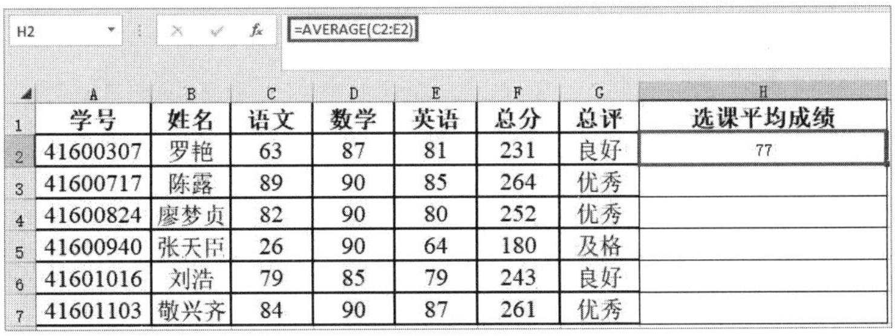
H2　=AVERAGE(C2:E2)

	A	B	C	D	E	F	G	H
1	学号	姓名	语文	数学	英语	总分	总评	选课平均成绩
2	41600307	罗艳	63	87	81	231	良好	77
3	41600717	陈露	89	90	85	264	优秀	
4	41600824	廖梦贞	82	90	80	252	优秀	
5	41600940	张天臣	26	90	64	180	及格	
6	41601016	刘浩	79	85	79	243	良好	
7	41601103	敬兴齐	84	90	87	261	优秀	

图 4-1　学生的平均成绩

每门课程的平均成绩可以使用下述方法来计算，如图 4-2 所示。

	C8				f_x	=AVERAGE(C2:C7)	

	A	B	C	D	E	F	G
1	学号	姓名	语文	数学	英语	总分	总评
2	41600307	罗艳	63	87	81	231	良好
3	41600717	陈露	89	90	85	264	优秀
4	41600824	廖梦贞	82	90	80	252	优秀
5	41600940	张天臣	26	90	64	180	及格
6	41601016	刘浩	79	85	79	243	良好
7	41601103	敬兴齐	84	90	87	261	优秀
8			70.5				
9							

图 4-2　计算每门课程的平均成绩

通过求平均成绩，可以得出各项成绩的一般水平。

我们在日常生活中提到的平均数通常是指算术平均数，即数据的算术平均值，除了算术平均数，还有调和平均数、几何平均数等。

4.1.2　绝对数/相对数

- 绝对数：反映客观现象总体在一定时间、地点条件下的总规模、总水平的综合性指标。如在表 4-1 中，学生人数为 6 人。也可以表现为在一定时间、地点条件下数量的增减变化，如在表 4-1 中，第一行学生的总分比第二行学生的总分低 34 分。
- 相对数：由两个有联系的指标通过对比计算得到的数值，计算公式如下。相对数一般以增值幅度、增长速度、指数、倍数、百分比等表示，是用来反映客观现象之间数量联系程度的综合指标。

$$相对数 = \frac{比较数值（比数）}{基础数值（基数）}$$

绝对数通常用来反映一个国家的国情和国力，一个地区或一个企业的人力、物力、财力。这个指标是进行经济核算和经济活动分析的基础，也是计算相对指标和平均指标的基础。

相对数可以帮助人们更清楚地认识现象内部结构和现象之间的数量关系，对现象进行更深入的分析和说明，更为直观地获得比较基础。

我们通过下述实例来看相对数、绝对数的应用，某企业 2020—2022 年产品销售数据如图 4-3 所示。

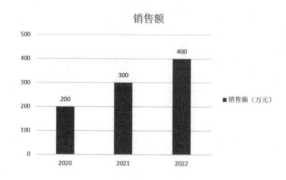

图 4-3　某企业 2020—2022 年产品销售数据

在图 4-3 中，2020—2022 年该企业的各年产品销售额是一个绝对数，逐年的增长额也是绝对数，如 2021 年销售额比 2020 年增加 100 万元，2022 年销售额比 2021 年增加 100 万元。绝对数可以集中反映该企业近 3 年的销售水平。

计算 2020 年到 2021 年销售额增长率的公式为：

$$2020 \text{年到} 2021 \text{年销售额增长率} = 100\% \times \frac{2021\text{年销售额} - 2020\text{年销售额}}{2020\text{年销售额}} = 50\%$$

同理，可以求得 2021 年到 2022 年销售额增长率为 33%。

此处，增长率是一个相对数，反映销售额的增长幅度，与 2021 年相比，2022 年销售额的增长幅度放缓。

4.1.3　百分比/百分点

- 百分比：百分比是相对数的一种，一个数是另一个数的百分之几，也称为百分率或百分数。通常用百分号（%）表示，一般计算方法如下：

$$\text{百分比} = \frac{\text{数量}}{\text{总数}} \times 100\%$$

- 百分点：百分点是指不同时期以百分数的形式表示的相对指标的变动幅度，1%等于一个百分点。
- 百分比是相对指标最常用的一种表现形式，百分比的分母是 100，也经常用 1% 作为度量单位，便于比较。百分点代表的是指标的变动幅度，一般与"提高了""上升/下降"等词搭配使用。

我们通过下述实例来看百分比和百分点的应用。国家统计局给出的我国 2020、2021 年国内生产总值，以及三大产业增加值数据如表 4-2 所示。

表 4-2　2020、2021 年中国 GDP 数据

单位：亿元

年　份	生产总值	第一产业增加值	第二产业增加值	第三产业增加值
2020	101 356 7	78 030.9	383 562.4	551 973.7
2021	114 923 7	83 216.5	451 544.1	614 476.4

从该表中，我们可以得出：

2020 年第一产业增加值占国内生产总值的比重

$$= \frac{2020\text{年第一产业增加值}}{\text{生产总值}}$$

$$= \frac{78\,030.9}{101\,356\,7}$$

$$= 7.7\%$$

2020 年第二产业增加值占国内生产总值的比重

$$= \frac{2020年第三产业增加值}{生产总值}$$

$$= \frac{383\,562.4}{101\,356\,7}$$

$$= 37.8\%$$

2020 年第三产业增加值占国内生产总值的比重

$$= \frac{2020年第二产业增加值}{生产总值}$$

$$= \frac{551\,973.7}{101\,356\,7}$$

$$= 54.5\%$$

同理，可以得出 2021 年三大产业增加值占国内生产总值的比重分别为 7.2%、39.3%、53.5%。

上述数据均为百分比，反映了增加值的占比情况。

我们也可以根据对比数据得出，第一产业增加值的比重，2021 年比 2020 年下降了 0.5 个百分点；第二产业增加值的比重，2021 年比 2020 年提高了 1.5 个百分点；第三产业增加值的比重，2021 年比 2020 年下降了 1 个百分点。

4.1.4 频数/频率

- 频数：一组数据中个别数据重复出现的次数，一般直接进行统计。
- 频率：每组类别次数与总次数的比值。一般计算方法如下：

$$频率 = \frac{数据出现总次数}{样本总数}$$

频数是绝对数，频率是相对数。频率是每组类别次数与总次数的比值，它代表某类别在总体中出现的频繁程度，一般用百分数表示，所有组的频率的总和等于 100%。

以我们日常掷硬币为例。现有情况是，在投掷了 100 次硬币后，硬币有 60 次正面朝上，40 次反面朝上，那么，硬币反面朝上的频数为 40，即在 100 次投掷中，硬币反面朝上出现的次数为 40 次，反面朝上的频率为 40%。

4.1.5 比例/比率

- 比例：比例是指在总体中各部分的数值占整体数值的比重，通常反映总体的构成和结构。一般计算方法如下：

$$比例 = \frac{部分数值}{整体数值}$$

- 比率：比率是指不同类别数值的对比，它反映的不是部分与整体的关系，而是一个整体中各部分之间的关系。一般计算方法如下：

$$比率=\frac{部分数值}{部分数值}$$

比例与比率都是相对数。前者反映总体构成，后者反映整体中各个部分之间的关系。

我们来看一个具体数据，公司职员档案如表 4-3 所示，公司中男性、女性员工的比例是多少？男女比率呢？

表 4-3 公司职员档案

人 员 编 码	姓 名	所 属 部 门	性 别
01	张新意	办公室	男
02	李平	财务部	男
03	范薇	财务部	女
04	何顺	财务部	男
05	徐蒙	采购部	女
06	王一	采购部	女
07	陈宇	销售一部	男
08	徐添	销售一部	男
09	李新	销售二部	男
10	刘钰	销售二部	女
11	黄强	生产部	男
12	许多	生产部	女
13	周仓管	仓管部	男

男性员工的比例为：
男性员工人数:总人数=8:13
女性员工的比例为：
女性员工人数:总人数=5:13
男女比率：
男性员工人数:女性员工人数=8:5

4.1.6 倍数/番数

- 倍数：两个数字做商，得到两个数之间的倍数，一般表示数量的增长或上升幅度，但不适用于表示数量的减少或下降。一般计算方法如下：

$$倍数=\frac{数量}{数量}$$

- 番数：翻几番，就是变成 2 的几次方倍。翻一番为原来数量的 2 倍，翻两番为原来数量的 4 倍。一般计算方法如下：

$$番数 = 2^n$$

倍数与番数同样是相对数，倍数通常用一个数据除以另一个数据获得，一般用来表示上升比较。番数中也有倍数性质，只是比较的是 2 的 n 次方倍。

现以图 4-4 所示的数据为例说明倍数与番数的应用场景。2019 年某公司员工人数为 107 人，年工资总额为 3 405 720.12 元。2022 年公司员工人数为 507 人，人数较 2019 年翻了两番，工资总额为 21 918 096.72 元，较 2019 年增长 5 倍，员工年收入总体提高。

图 4-4　2019—2022 年某公司员工人数及工资总额

4.1.7　同比/环比

- 同比：同比是与历史同时期进行比较得到的数值，该指标反映的是事物发展的相对情况。例如，本期 2 月比去年 2 月，本期 6 月比去年 6 月等。
- 环比：环比是与前一个统计期进行比较得到的数值，该指标反映的是事物逐期发展的情况。如计算一年内各月与前一个月环比，即 2 月比 1 月，3 月比 2 月，4 月比 3 月，…，12 月比 11 月，说明逐月的发展程度。

可以采用下式来理解同比与环比概念：

$$同比 = \frac{2022年5月}{2021年5月}$$

$$环比 = \frac{2022年5月}{2022年4月}$$

同比、环比反映的都是趋势，只是对比的阶段不同。虽然同比和环比反映的都是变化速度，但由于采用的基期不同，其反映的内容是完全不同的。一般来说，环比可以与环比比较，但不能与同比比较；对于同一个地方，考虑时间纵向上的发展趋势，往往要把同比与环比放在一起进行对照。

同比、环比经常会出现在很多上市公司定时公布的财务报告中，例如，某公司 2021—2022 年各季度总收入情况如表 4-4 所示。

表 4-4　某公司 2021—2022 年各季度总收入情况

单位：亿元

年　　度	第 一 季 度	第 二 季 度	第 三 季 度	第 四 季 度
2021	30	32	28	30
2022	45	50	48	51

经过数据分析，可以得出以下结论：

2022 年第一季度收入同比增长了 50%，环比增长了 50%。同理，2022 年第二季度收入同比增长了 56%，环比增长了 11%。

4.2　数据分析的基本方法

经过对第 3 章数据处理的学习，相信大家已经对如何处理原始数据有了一定的认识，要想在处理的数据中获取有价值的信息，必须对数据做进一步分析。

进行数据分析，首先要了解数据分析的基本方法，掌握了各种分析方法，进行数据分析才会得心应手，接下来我们就开始学习数据分析的基本方法。本书的第 1 章中提到过数据分析的方法，那些数据分析方法从宏观角度指导如何进行数据分析，是数据分析的前期规划，指导着后期数据分析工作的展开。而接下来介绍的数据分析的基本方法是指具体的分析方法，如常见的对比分析法、分组分析法、平均分析法、交叉分析法、漏斗图法、矩阵关联分析法等，这些分析方法从微观角度指导如何进行数据分析，是具体的数据分析方法。

4.2.1　对比分析法

对比分析法在我们的日常生活中很常见，对比分析可以快速地分辨事物的本质、与其他事物的差异、变化规律等，因此，它也是数据分析方法中最基本的分析方法之一。

1．定义

对比分析法是指将两个或两个以上的数据进行对比，分析它们的差异，从而揭示这些数据代表的事物的发展变化情况和规律，并做出正确的评价。

2．特点

对比分析法可以非常直观地看出事物某方面的变化或差距，并且可以准确、量化地表示这种变化或差距。在进行对比分析时，选择合适的对比标准是十分关键的步骤，只有选择的对比标准合适，才能做出客观的评价。如果选择的对比标准不合适，就可能得出错误的结论。

3. 分类

1）绝对数比较

利用绝对数进行比较可以寻找差异，如某企业可以通过比较各年的多种产品的销售总额来确定该企业下一年的各种产品的生产计划。

2）相对数比较

将两个有联系的指标进行对比计算，相对数指标可以帮助我们更清楚地认识现象内部结构和现象之间的数量关系，对现象进行更深入的分析和说明。

4. 典型场景

1）与总体对比

将总体内的部分数据与总体数据进行对比，求取比重，可以得出与事物性质、结构或质量相关的数据。60 岁及以上老年人口在全国总人口中的比重如表 4-5 所示，通过各年比重数据可以得出，我国 60 岁及以上老年人口的比重在逐年增长，在 2021 年达到 18.9%。

表 4-5　60 岁以上老年人口在全国总人口中的比重

单位：万人、%

指标	2014 年	2015 年	2016 年	2017 年	2018 年	2019 年	2020 年	2021 年
60 岁及以上人口	21 335	22 340	23 252	24 222	25 087	25 570	26 402	26 736
比　重	15.5	16.1	16.7	17.3	17.9	18.1	18.7	18.9

2）与其余部分对比

将总体内不同部分的数据进行对比，可以得到总体内各部分的比率关系，如人口性别比率、投资与消费比率等。如根据表 4-3，可以得出男性员工人数与女性员工人数的比率是 8:5。

3）同一时期对比

将同一时期两个性质相同的数据进行对比，说明同类现象在不同条件下的数量对比关系。2022 年四川分店销售情况数据如表 4-6 所示，从中可以得出两个分店对不同种类产品的销售情况。

表 4-6　2022 年四川分店销售情况数据

单位：元

指　标	食 品 类	饮 料 类	日 用 品 类	粮 油 类
锦江分店	557 919.52	389 635.25	489 254.58	1 273 453.56
新天地分店	661 864.03	498 753.46	479 853.24	1 487 234.98

4）不同时期对比

将同一性质的指标在不同时间点上的完成情况进行对比。2022 年四川分店下半年销售情况如表 4-7 所示，从中可以看出各个月份总体销量持平，7 月、8 月是销售旺季。

表 4-7 2022 年四川分店下半年销售情况

单位：元

指 标	7 月	8 月	9 月	10 月	11 月	12 月
锦江分店	237 432.75	236 540.75	225 887.85	221 639.75	215 497.63	221 697.57

5）与业内对比

与行业中的标杆企业、竞争对手、行业平均水平进行比较，可以得知自身发展水平在行业内的位置，以明确差距和确定下一步目标。

2020 年、2021 年各大 5G 手机品牌市场占有率如图 4-5 所示。可以看出，与 2020 年相比，华为手机 2021 年的市场占有率有所下降，但是还是以 29.2%的市场占有率，持续领跑国内 5G 手机市场；vivo 手机的市场占有率排名第二，达 15.4%；苹果手机的市场占有率达 14.1%，排名第三，较 2020 年的市场占有率排名，上升了 3 个位次；OPPO 手机的市场占有率达 13.6%，排名第四；小米手机的市场占有率达 11.4%，排名第五。

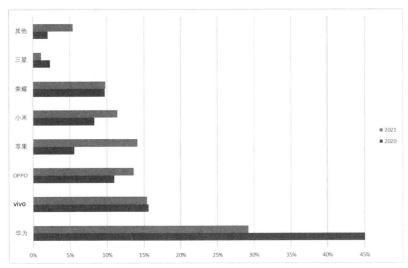

图 4-5 2020 年、2021 年各大 5G 手机品牌市场占有率

6）与同级对比

与同级部门、单位、地区进行对比，可以得到其在公司、集团内部或各地区处于什么位置，以明确差距和确定下一步目标。某企业各部门培训完成情况如图 4-6 所示，从该图可以得出各部门培训完成情况在公司中所处的水平、是否达到目标，以确定公司下一步的培训目标和方向。

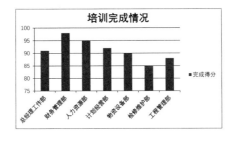

图 4-6 企业各部门培训完成情况

7）与预期对比

将实际完成值与目标完成值进行对比，可以确定是否完成任务。例如，每个公司每年都有年度业绩目标，那么如何确定年终的业绩完成情况呢？可以将年终业绩与业绩目标进行对比，以判断是否达成业绩目标。如果尚未到年终，可以把业绩目标按时间拆分后再进行对比，以确定完成情况。

5. 注意事项

在进行对比分析时，参与对比的数据应具有可比性，这里的可比性既包括指标的范围、计量单位、类型等，也包括对比内容的对象具有相似性。

4.2.2 分组分析法

1. 定义

分组分析法是指根据数据分析对象的特征，按照一定的标志，将数据分析对象划分为性质不同的部分来研究，以展现其内在的联系和规律。

2. 特点

把总体中具有不同性质的对象区分开，把性质相同的对象合并在一起，便于对比。分组分析法一般与对比分析法结合使用。

3. 分类

分组分析法可以分为结构分组分析法和相关关系分组分析法。结构分组分析法又可以分为按品质标志分组和按数量标志分组，分组分析法的分组维度如表 4-8 所示。

表 4-8　分组分析法的分组维度

分 组 维 度	应 用 场 景	举　　例
品质标志	分析现象的类型特征和规律性	将产品按照品种分组；将在校生按性别分组
数量标志	分析现象总体内部的结构及其变化	将职工按工龄分组；将工人按照工作量分组
相关关系	分析社会经济现象之间的相关关系	研究成年男性体型与血压之间的关系；研究居民营养与健康状况的关系

4. 方法

进行科学分组必须选择适当的分组标志，将分组标志作为分组的标准。统计分组的关键在于选择分组标志和划分各组界限。选择分组标志是统计分组的核心问题，因为分组标志与分组的目的有直接关系，任何一个统计总体都可以采用多个分组标志进行分组。分组时采用的分组标志不同，分组的结果及由此得出的结论也不同。如何正确选择分组标志呢？

（1）根据统计研究的目的选择分组标志，或结合被研究事物所处的具体历史条件选择分组标志。比如，研究学生学习水平的分布情况，分组项应该使用能反映该水平的学生成绩、动手能力等的指标。

（2）确定组数和组距。组数和组距的计算方法如下：

$$组数=1+\frac{\lg(n)}{\lg(2)}$$

$$组距=\frac{最大值-最小值}{组数}$$

（3）根据组距对数据进行分析整理，并划归到相应组内。

5. 分组分析案例

2019 年 10 月至 2022 年 5 月某分店销售 60 余种产品的种类及数量信息如图 4-7 所示。由于数据较多，现只截取前 20 行，对产品的销售情况进行分组分析。

	A	B
	种类	销售数量
1		
2	火锅片类(盒)×2+海鲜拼盘(组)×1+综合火锅料(组)×1+调味酱料(盒)×1	42050
3	肉片类(盒)×2+肉类制品(包)×2+调味酱料(盒)×1	21209
4	综合叶菜(包)	16924
5	鲜肉类	12908
6	高级酒类(瓶)	12810
7	其他水产	12708
8	速溶咖啡(盒)	12624
9	咖啡(盒)	12608
10	综合火锅料(组)	12572
11	鱼类	12566
12	海鲜拼盘(组)	12490
13	调味薯片(盒)	8557
14	火锅片类(盒)	8526
15	烘焙食品(包)	8469
16	蛋卷(盒)×1+烘焙食品(包)×1+速溶牛奶(罐)×1	8468
17	速溶咖啡(盒)×2+冲泡茶包(盒)×2	8465
18	面条类(包)	8435
19	饼干(打)	8330
20	鱼类×1+其他水产×1+海鲜拼盘(组)×1	8230

图 4-7 某分店销售产品的种类及数量信息（部分）

第一步：根据公式"组数=$1+\frac{\lg(n)}{\lg(2)}$"计算组数，计算过程如表 4-9 所示。

表 4-9 组数的计算过程

数 据 个 数	数据个数的对数	2 的对数	分组个数
62	1.79	0.3	7

第二步：根据公式"组距=$\frac{最大值-最小值}{组数}$"计算组距，计算过程如表 4-10 所示。

表 4-10 组距的计算过程

最 大 值	最 小 值	最大值-最小值	组 数	组 距
42 050	2152	39 898	7	5700

为了分组方便，我们取组距为 6000。

第三步：使用 IF 函数进行分组。

IF 函数的形式如下：

$$IF(logical\_test,Value\_if\_true,value\_if\_false)$$

IF 公式应为：

=IF(B2<6000,"A",IF(B2<12000,"B",IF(B2<18000,"C",IF(B2<24000,"D",IF(B2<30000,"E",IF(B2<36000,"F","G"))))))

分组方法如图 4-8 所示。

	A	B	C
	种类	销售数量	IF函数分组级别
2	火锅片类(盒)×2+海鲜拼盘(组)×1+综合火锅料(组)×1+调味酱料(盒)×1	42050	G
3	肉片类(盒)×2+肉类制品(包)×2+调味酱料(盒)×1	21209	D
4	综合叶菜(包)	16924	C
5	鲜肉类	12908	C
6	高级酒类(瓶)	12810	C
7	其他水产	12708	C

（C2 单元格公式：=IF(B2<6000,"A",IF(B2<12000,"B",IF(B2<18000,"C",IF(B2<24000,"D",IF(B2<30000,"E",IF(B2<36000,"F","G")))))))

图 4-8　分组方法

第四步：得出数据分组结果，如图 4-9 所示。

	A	B	C
1	种类	销售数量	IF函数分组级别
2	火锅片类(盒)×2+海鲜拼盘(组)×1+综合火锅料(组)×1+调味酱料(盒)×1	42050	G
3	肉片类(盒)×2+肉类制品(包)×2+调味酱料(盒)×1	21209	D
4	综合叶菜(包)	16924	C
5	鲜肉类	12908	C
6	高级酒类(瓶)	12810	C
7	其他水产	12708	C
8	速溶咖啡(盒)	12624	C
9	咖啡(盒)	12608	C
10	综合火锅料(组)	12572	C
11	鱼类	12566	C
12	海鲜拼盘(组)	12490	C
13	调味薯片(盒)	8557	B
14	火锅片类(盒)	8526	B
15	烘焙食品(包)	8469	B
16	蛋卷(盒)×1+烘焙食品(包)×1+速溶牛奶(罐)×1	8468	B
17	速溶咖啡(盒)×2+冲泡茶包(盒)×2	8465	B
18	面条类(包)	8435	B
19	饼干(打)	8330	B
20	鱼类×1+其他水产×1+海鲜拼盘(组)×1	8230	B

图 4-9　数据分组结果

6. 注意事项

此分析方法必须遵循以下两个原则。

（1）穷尽原则，总体中的每一个单位都应有组可归，或者说各分组的空间足以容纳总体中所有的单位。

（2）互斥原则，在特定的分组标志下，总体中的任何一个单位只能归属于一个组，不能同时或可能归属于几个组。

4.2.3 平均分析法

1. 定义

平均分析法就是利用平均指标对特定现象进行分析的方法，一般用来反映总体在一定时间、地点条件下某一数量特征的一般水平。平均指标的计算方法如下：

$$平均指标=\frac{总体各单位数值的总和}{总体单位个数}$$

2. 特点

（1）平均指标既是一个代表值，具有代表性，又是一个抽象化的数值，具有抽象性。

（2）平均指标的值介于最小值和最大值之间，可以说明总体内各单位标志值的集中趋势。

3. 作用

（1）利用平均指标对比不同地区、不同行业的同类现象，比使用总量对比更具有说服力。

（2）利用平均指标对比不同历史时期的某些现象，更能说明其发展趋势和规律。

4. 平均分析案例

某企业员工基本信息如图 4-10 所示，对该数据进行分析，给出不同部门的平均年龄。

A	B	C	D	E	F	G	H	I	J	K
工号	姓名	性别	部门	职务	婚姻状况	出生日期	年龄	进公司时间	本公司工龄	学历
0001	AAA1	男	管理层	总经理	已婚	1963/12/12	59	2013/01/08	10	博士
0002	AAA2	男	管理层	副总经理	已婚	1965/06/18	57	2013/01/08	10	硕士
0003	AAA3	女	管理层	副总经理	已婚	1979/10/22	43	2013/01/08	10	本科
0004	AAA4	男	管理层	职员	已婚	1986/11/01	36	2014/09/24	9	本科
0005	AAA5	女	管理层	职员	已婚	1982/08/26	40	2013/08/08	10	本科
0006	AAA6	女	人事部	职员	离异	1983/05/15	40	2015/11/28	7	本科
0007	AAA7	男	人事部	经理	已婚	1982/09/16	40	2015/03/08	8	本科
0008	AAA8	男	人事部	副经理	未婚	1972/03/19	51	2013/04/10	10	本科
0009	AAA9	男	人事部	职员	已婚	1978/05/04	45	2013/05/26	10	本科
0010	AAA10	男	人事部	职员	已婚	1981/06/24	41	2016/11/11	7	大专
0011	AAA11	女	人事部	职员	已婚	1972/12/15	50	2014/10/15	9	本科
0012	AAA12	女	人事部	职员	未婚	1971/08/22	51	2014/05/22	9	本科
0013	AAA13	男	财务部	副经理	已婚	1978/08/12	44	2014/10/12	9	本科
0014	AAA14	女	财务部	经理	已婚	1969/07/15	53	2013/12/21	9	本科
0015	AAA15	男	财务部	职员	未婚	1968/06/06	54	2015/10/18	8	本科
0016	AAA16	女	财务部	职员	未婚	1967/08/09	55	2016/04/28	7	本科
0017	AAA17	女	财务部	职员	未婚	1974/12/11	48	2016/12/27	6	本科
0018	AAA18	女	财务部	副经理	已婚	1971/05/24	51	2014/07/21	9	本科
0019	AAA19	女	信息部	经理	已婚	1980/11/16	42	2013/10/28	10	本科
0020	AAA20	男	信息部	副经理	离异	1985/06/28	37	2013/08/13	10	本科

图 4-10　某企业员工基本信息

第一步：选中 Excel 表格中的所有数据，单击"数据"选项卡中"分级显示"组的"分类汇总"按钮，弹出"分类汇总"对话框，如图 4-11 所示。

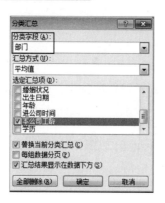

图 4-11 "分类汇总"对话框

第二步：设置分类汇总要求，将"分类字段"设置为"部门"，"汇总方式"设置为"平均值"，在"选定汇总项"列表框中勾选"本公司工龄"复选框。

第三步：勾选"替换当前分类汇总"和"汇总结果显示在数据下方"复选框，单击"确定"按钮，可以得到各部门员工工龄的平均值，如图 4-12 所示。其中，SUBTOTAL(1,J2:J6)表示求 J2:J6 单元格区域中数据的平均值。

					fx	=SUBTOTAL(1,J2:J6)				
A	B	C	D	E	F	G	H	I	J	K
工号	姓名	性别	部门	职务	婚姻状况	出生日期	年龄	进公司时间	本公司工龄	学历
0001	AAA1	男	管理层	总经理	已婚	1963/12/12	59	2013/01/08	10	博士
0002	AAA2	男	管理层	副总经理	已婚	1965/06/18	57	2013/01/08	10	硕士
0003	AAA3	女	管理层	副总经理	已婚	1979/10/22	43	2013/01/08	10	本科
0004	AAA4	男	管理层	职员	已婚	1986/11/01	36	2014/09/24	9	本科
0005	AAA5	女	管理层	职员	已婚	1982/08/26	40	2013/08/08	10	本科
			管理层 平均值						9.8	
0006	AAA6	女	人事部	职员	离异	1983/05/15	40	2015/11/28	7	本科
0007	AAA7	男	人事部	经理	已婚	1982/09/16	40	2015/03/09	8	本科
0008	AAA8	男	人事部	副经理	未婚	1972/03/19	51	2013/04/10	10	本科
0009	AAA9	男	人事部	职员	已婚	1978/05/04	45	2013/05/26	10	本科
0010	AAA10	男	人事部	职员	已婚	1981/06/24	41	2016/11/11	7	大专
0011	AAA11	女	人事部	职员	已婚	1972/12/15	50	2014/10/15	9	本科
0012	AAA12	女	人事部	职员	未婚	1971/08/22	51	2014/05/22	9	本科
			人事部 平均值						8.571428571	

图 4-12 各部门员工工龄的平均值

第四步：对结果数据进行适当调整，创建各个部门员工工龄平均值柱形图，如图 4-13 所示。

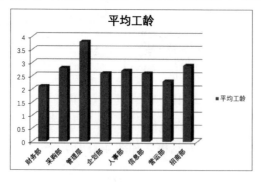

图 4-13 各部门员工工龄平均值柱形图

通过对比各部门员工工龄的平均值可知，各部门员工的工龄差异不大。其中，管理层员工的工龄普遍高于其他部门，财务部员工的平均工龄比其他部门员工的平均工龄低，符合一般企业任职规律。

5. 注意事项

平均指标可以用于同一现象在不同地区、不同单位或部门间的对比，还可用于同一现象在不同时间的对比，如分析不同行业、地区的平均从业人数、平均营业收入等。所有数量指标都可以依据不同的分组使用平均指标进行对比、分析。

4.2.4 交叉分析法

1. 定义

交叉分析法将数据制作成二维交叉表格，将两个有一定联系的变量设置为行变量和列变量，两个变量在表格中的交叉节点即为变量值，通过表格体现变量之间的关系。

2. 特点

交叉分析法通常用于分析两个变量之间的关系，如阅读报纸的种类和阅读者年龄之间的关系。在实际使用中，通常把这个概念推广到行变量和列变量之间的关系，这样行变量可能由多个变量组成，列变量也可能由多个变量组成，甚至可以只有行变量没有列变量，或者只有列变量没有行变量。

3. 交叉分析案例

1）典型案例 1

2022 年四川某分店粮油销量如表 4-11 所示，通过交叉分析法可以明确得到多种销量数据。

表 4-11　2022 年四川某分店粮油销量

店　　名	粮　　油	销量（元）
锦江分店	玉米油	654 638
新天地分店	玉米油	613 495
锦江分店	花生油	578 948
新天地分店	花生油	682 464
锦江分店	大豆油	554 392
新天地分店	大豆油	543 953
锦江分店	菜籽油	436 853
新天地分店	菜籽油	514 243
锦江分店	色拉油	368 532
新天地分店	色拉油	483 422

对表 4-11 中的数据进行交叉分析，得到的二维交叉表如图 4-14 所示。

通过二维交叉表，我们可以很容易得出以下结果。

A 单元格统计的是所有分店的粮油总销量；B 单元格统计的是锦江分店的粮油总销量，B 单元格下方的单元格统计的是新天地分店的粮油总销量；C 单元格统计的是两个分店所有大豆油的总销量，同一行其余单元格代表的是其余粮油种类各自的总销量；D 单元格统计的是新天地分店花生油的销量。

求和项:销量（元）	列标签					
行标签	菜籽油	大豆油	花生油	色拉油	玉米油	总计 B
锦江分店	436853	554392	578948	368532	654638	2593363
新天地分店	514243	543953	682464 D	483422	613495	2837577
总计	951096	1098345 C	1261412	851954	1268133	5430940 A

图 4-14　二维交叉表

2）典型案例 2

某保险公司对保户开车事故率进行调研，并对各种因素进行了交叉分析，驾驶员事故率如表 4-12 所示。

表 4-12　驾驶员事故率

类　别	占　比
无事故	61%
至少有一次事故	39%

从表 4-12 中可以看出，有 61%的保户在开车过程中从未出现过事故。在性别基础上分解这个信息，男女驾驶员事故率如表 4-13 所示。

表 4-13　男女驾驶员事故率

类　别	男 性 占 比	女 性 占 比
无事故	56	66
至少有一次事故	44	34

这个结果表明，男性驾驶员的事故率高于女性，人们会提出这样的疑问而否定上述判断的正确性，即男性驾驶员的事故多，是因为他们驾驶的路程较长。这样就引出第三个因素“驾驶距离”，进一步进行交叉分析，基于驾驶距离的男女驾驶员事故率如表 4-14 所示。

表 4-14　基于驾驶距离的男女驾驶员事故率

类　别	男 性 占 比		女 性 占 比	
驾驶距离	>1 万千米	<1 万千米	>1 万千米	<1 万千米
无事故	51	73	50	73
至少有一次事故	49	27	50	27

通过交叉分析结果可知，驾驶员的高事故率是由于他们的驾驶距离较长，但并没有证明男士和女士谁驾驶得更好或更谨慎，仅证明了开车事故率与驾驶距离成正比，而与驾驶员的性别无关。

4.2.5 漏斗图法

1. 定义

漏斗图法是一种适合业务流程较规范、周期较长、各环节流程涉及复杂业务较多的分析法。

2. 特点与优势

（1）漏斗图是对业务流程最直观的一种表现形式，也最能说明问题所在。通过漏斗图，我们可以快速发现业务流程中存在问题的环节。

（2）漏斗图可以直观展示两端数据，了解目标数据。在对网站中关键路径转换率进行分析时，漏斗图是端到端的重要部分，前面是流量导入端，即多少访客访问了网站，后面是流量产生收益端，指在访问网站的访客中有多少人给网站带来了收益。

（3）使用漏斗图法可以直观暴露问题，提高业务的转化率。网站管理者可以在不增加现有营销投入的情况下，通过优化业务流程来提高访客购买率，进而提高访客的价值，并且这种提高的效果是非常明显的。

（4）提高访客的价值，提高最终的转化率（一般是购买率），在现有访客数量不变的情况下，提高单个访客的价值，即可提高网站的总收益。

3. 分析步骤

（1）收集及汇总数据信息：定期在数据库上进行特定查询，获得所需信息，并进行分析汇总，或者建立监控界面，实时显示这些分析数据。

（2）确定基线：通过收集长期数据来确定基线，以防止意外数据波动的影响。

（3）在漏斗中选择需要改进的层次：观察基线数据，对用户流失比例高的层次进行改进。如果数据比例比较正常，则可以考虑从漏斗顶部开始优化，直至优化持续一段时间后保持稳定状态。

（4）改进层次分析并对设计进行优化：原则是让每次的改动尽量少，以便评估改进点的效果。

（5）与基线比较，衡量改动：改进之后，重新收集相关数据。为了积累足够的访问量，收集数据的过程需要持续一段时间。获得的数据能清楚地表明改动的效果，如果改动后用户流失率比原来小了，就说明改动成功，否则需重新进行设计。

（6）重复上述步骤。

4. 漏斗图法案例

某网站的客户转化率统计数据如表 4-15 所示，通过比较能充分展示用户从进入网站到实现购买的最终转化率。网站转化率漏斗图如图 4-15 所示，我们可以通过分析得到以下结果。

（1）从"浏览商品"环节到"放入购物车"环节，用户"漏"了60%，在此过程中流失的人数最多，商家可以考虑通过采取多种措施促使用户将商品放入购物车，如界面优化、同店购物满减等。

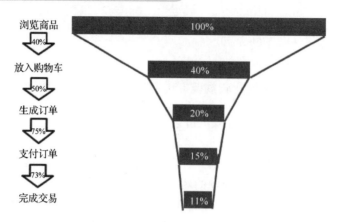

图 4-15　网站转化率漏斗图

（2）从"放入购物车"环节到"生成订单"环节，用户又"漏"了 50%，此数据需要特别关注，有必要分析在此过程中还有哪些其他因素导致用户流失。

（3）从"生成订单"环节到"支付订单"环节，用户又"漏"了 25%。用户已经生成订单了，还有哪些因素导致用户放弃了支付，与支付方式的便利性、运费等是否有关系，这些问题都可以通过漏斗图直观反映出来。

（4）从"支付订单"环节到"完成交易"环节，用户还"漏"了 27%，最后环节出现问题说明用户确实有购买意向，但是为什么没有完成整个过程呢？与支付渠道、网站是否稳定有直接关系吗？这些都可以通过进一步调查统计出来。

表 4-15　某网站的客户转化率统计数据

环　　节	占 位 数 据	人　　数	环节转化率	总体转化率
浏览商品	0	1000	100%	100%
放入购物车	300	400	40%	40%
生成订单	400	200	50%	20%
支付订单	425	150	75%	15%
完成交易	445	110	73%	11%

4.2.6　矩阵关联分析法

1. 定义

矩阵关联分析法是指将事物（产品、服务等）的两个重要属性（指标）作为分析的依据，进行关联分析，并找出解决问题的方法。

2. 分析方法

以属性 A 为横轴，属性 B 为纵轴，按某一标准进行划分，构成 4 个象限，将要分析的每个事物投射至这 4 个象限内，进行交叉分类分析，可以得到每个事物在这两个属性上的表现，如图 4-16 所示。

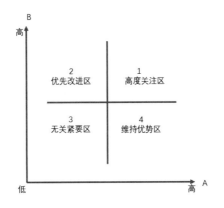

图 4-16　矩阵关联分析法

在研究用户满意度时一般会使用矩阵关联分析法，上图中属性 A 为"满意度"属性，属性 B 为"重要性"属性。

第一象限是高度关注区，表示用户对此服务满意且认为此服务重要，公司应继续保持并给予支持。

第二象限是优先改进区，表示用户对此服务的满意度低但认为此服务重要，公司对该服务进行改进可事半功倍。

第三象限是无关紧要区，表示用户对此服务满意度低且认为此服务不重要，公司如果在此服务大量投入资源将得不偿失。

第四象限是维持优势区，表示公司在此服务投入了过多资源，超出了用户期望，如果可能，公司应该把在此服务投入的多余资源转移至其他服务，尤其是第二象限的服务。

矩阵关联分析法在解决问题和分配资源时，为决策者提供了重要的参考依据。先解决主要矛盾，再解决次要矛盾，有利于提高工作效率，并将资源分配到最能产生绩效的部门、工作中，有利于管理决策者进行资源优化配置。

3. 发展矩阵

发展矩阵在简单矩阵分析法的基础上增加了发展趋势，直观地表现出过去每个指标所处的位置，现在所处的位置，便于预测未来向何方向发展。例如，四川某销售分店想要分析 2020—2022 年客户满意度情况的变化，可以依照图 4-17 所示数据绘制发展矩阵并进行分析，如图 4-18 所示。

	A	B	C	D
1	指标	年份	满意度	重要性
2	产品质量	2020	1.3	3.2
3		2021	1.6	3.6
4		2022	1.7	3.4
5	售后服务	2020	2.3	2.1
6		2021	2.1	1.8
7		2022	1.8	1.6
8	业务服务	2020	3.2	3.6
9		2021	3.5	3.5
10		2022	3.9	3.2
11	物流公司服务	2020	2.6	1.3
12		2021	2.8	1.4
13		2022	2.5	1.5

图 4-17　四川某销售分店 2020—2022 年客户满意度数据

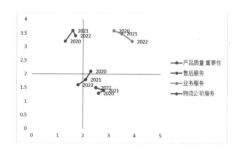

图 4-18　四川某销售分店 2020—2022 年客户满意度发展矩阵

从图 4-18 中可以非常直观地了解到之前每个业务指标在用户评价中处于什么位置，需要对哪些方面进行改进。

4. 气泡矩阵

气泡矩阵在简单矩阵分析法原有的两个指标的基础上增加一个指标维度，也就是说可以同时表现待分析主体的 3 项指标，一般使用图例（气泡）的大小来展示。

气泡的大小代表着改进的难易程度，气泡越大，代表改进难度越大；气泡越小，代表改进难度越小。在气泡矩阵中可以快速、准确地确定改进的先后顺序，为企业改进短板提供有效的决策依据。

例如，四川某销售分店分析了 2020—2022 年销售数据及客户满意度评价数据后，准备对企业的短板进行改进，但考虑到企业拥有的人力、物力等资源的限制，只能优先对某些短板进行改进。于是，企业集合多位专家对各个指标进行难易度评价，最后综合各专家的评价得出改进难度系数表，如表 4-16 所示。

表 4-16　改进难度系数表

指标	产品质量	售后服务	业务服务	物流服务	广告宣传	门店维修	优惠措施
重要性	3.4	1.6	3.2	1.5	2.24	1	3
满意度	1.7	1.8	3.9	2.5	3.5	2.4	2
改进难易程度	1.4	0.6	0.5	1.3	1.7	0.3	1

以满意度为横轴，重要性为纵轴，改进难易程度用气泡表示，最终可以得出如图 4-19 所示的气泡矩阵。

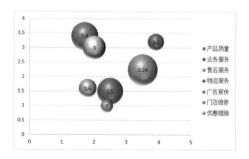

图 4-19　气泡矩阵

通过气泡矩阵，我们可以非常直观地看出企业服务质量竞争的优势和劣势分别是什么，从而有针对性地确定企业服务质量管理工作的重点。企业可以重点关注第二象限优先改进区中的短板——产品质量和优惠措施，也可以先选择改进难度低一点的短板——门店维修，再改进其他短板。

4.3　数据分析工具——数据透视表

前面介绍了常用的数据分析方法，接下来看看如何使用数据分析工具——数据透视表来实现数据分析。

4.3.1　基本概念

数据透视表是一种可以快速汇总、分析大量数据表格的交互式工具，使用该工具可以按照数据表格的不同字段从多个角度进行透视，并建立交叉表格，查看数据表格不同层面的汇总信息、分析结果及摘要数据。

数据透视表综合了数据排序、筛选、分类汇总等数据处理分析功能，使用数据透视表可以深入分析数值数据，帮助用户发现关键数据，并做出决策。因此，数据透视表是 Excel 中最常用、功能最全面的数据分析工具之一。

在数据透视表中，经常会使用一些专业术语，常用术语如表 4-17 所示。

表 4-17　常用术语

术　　语	说　　明
透视	通过定位一个或多个字段来重新排列数据透视表
坐标轴	数据透视表的行、列、分页
概要函数	数据透视表使用的函数，如 COUNT、SUM、AVERAGE 等
字段	源数据表（工作表）中每列的标题为一个字段名，在数据透视表中可以通过拖动字段名来修改和设置数据透视表

4.3.2　创建方法

现在以第 2 章案例背景中的 A 企业销量数据为例，创建并分析简易的数据透视表。A 企业两家分店 2022 年的销售情况如表 4-18 所示。

表 4-18　A 企业两家分店 2022 年的销售情况

店　　名	种　　类	金额（元）
锦江分店	食品类	557 919.5
锦江分店	饮料类	389 635.3
锦江分店	日用品类	489 254.6

续表

店　名	种　类	金额（元）
锦江分店	粮油类	1 273 454
新天地分店	粮油类	1 487 235
新天地分店	食品类	661 864
新天地分店	饮料类	498 753.5
新天地分店	日用品类	479 853.2

第一步：选择要分析的数据源位置（本表格中为A1:C9单元格区域），单击"插入"选项卡中"表格"组的"数据透视表"按钮，弹出的"创建数据透视表"对话框，选中"选择一个表或区域"单选按钮，并将"表/区域"设置为"分店销售数据!$A$1:$C$9"，如图4-20所示。

图4-20　选择数据源单元格的范围

注意："表/区域"文本框中使用"$"表示数据源的绝对引用，上述区域中"$A$1:$C$9"代表工作表中A1:C9单元格区域，A1表示相对路径，$A$1表示绝对路径。

第二步：选择放置数据透视表的位置。由于本案例数据量不大，因此，在"创建数据透视表"对话框的"选择放置数据透视表的位置"选区中选中"现有工作表"单选按钮，如图4-21所示。如果数据量较大，可以选中"新工作表"单选按钮。

第三步：明确下述数据透视表布局中的内容。

（1）行标签：拖曳至"行标签"列表框中的数据字段，该字段中的第一个数据项将占数据透视表的一行。

（2）列标签：与行标签对应，托曳至"列标签"列表框中的字段，该字段中的每个项将占数据透视表的一列。

（3）报表筛选：行和列相当于X轴和Y轴，由它们确定一个二维表格，页则相当于Z轴。Excel将按拖曳至"报表筛选"列表框中的字段对数据透视表进行分页。

（4）数值：求和。

图 4-21 选择放置数据透视表的位置

在第一步后，我们可以指定以 D12 单元格为起始位置创建一个空白的数据透视表框架，将"种类"字段拖曳至"列标签"列表框中，"店名"字段拖曳至"行标签"列表框中，"金额"字段拖曳至"数值"列表框中进行求和汇总，如图 4-22 所示。

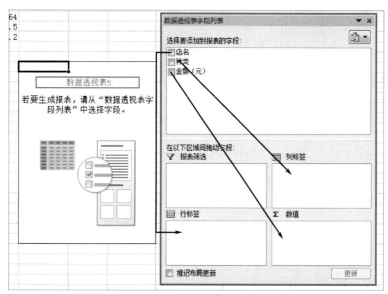

图 4-22 拖曳字段

第四步：最终创建的数据透视表如图 4-23 所示。

求和项:金额（元）	列标签				
行标签	粮油类	日用品类	食品类	饮料类	总计
锦江分店	1273454	489254.6	557919.5	389635.3	2710263.4
新天地分店	1487235	479853.2	661864	498753.5	3127705.7
总计	2760689	969107.8	1219783.5	888388.8	5837969.1

图 4-23 最终创建的数据透视表

从上述数据透视表可以看出，我们不仅可以针对所有分类的数据项进行汇总，还可以针对各分店的数据项进行汇总。

4.3.3 案例实践

2019—2022年某分店销售明细表如图4-24所示，从此表中我们可以提出以下几个关于公司运营的问题。

（1）各年的总销量和总销售额是多少？

（2）各年哪种产品销量最好？哪种产品的销量最差？

（3）2022年哪个月的业绩最好？哪个月的业绩最差？

	会员编号	交易编号	产品编号	产品名称	交易建立日	产品单价（元）	产品数量	金额（元）
1	会员编号	交易编号	产品编号	产品名称	交易建立日	产品单价（元）	产品数量	金额（元）
2	DM101364	BEN-111665	CBN-002	火锅片类(盒)×2+海鲜拼盘(组)×1+综合火锅料(组)×1+调味酱料(盒)×1	2022/4/2	180	1	180
3	DM101364	BEN-111665	P0036	综合叶菜(包)	2022/4/2	23	1	23
4	DM101364	BEN-111665	P0042	鲜肉类	2022/4/2	38	1	38
5	DM101364	BEN-111665	CBN-013	蛋卷(盒)×1+烘焙食品(包)×1+速溶牛奶(罐)×1	2022/4/2	49	3	147
6	DM101364	BEN-111665	CBN-005	肉片类(盒)×2+肉类制品(包)×2+调味酱料(盒)×1	2022/4/2	150	1	150
7	DM101364	BEN-111665	P0008	口香糖(盒)	2022/4/2	9	2	18
8	DM101364	BEN-111666	CBN-013	蛋卷(盒)×1+烘焙食品(包)×1+速溶牛奶(罐)×1	2022/4/19	49	4	196
9	DM101364	BEN-111666	CBN-011	综合叶菜(包)×1+根茎类(包)×1+瓜果类(包)×1	2022/4/19	50	2	100
10	DM101364	BEN-111666	P0014	其他休闲食品(包)	2022/4/19	14	1	14
11	DM101364	BEN-111666	P0036	综合叶菜	2022/4/19	23	1	23
12	DM101364	BEN-111666	CBN-001	巧克力(盒)×1+泡芙(打)×1+调味薯片(包)×1	2022/4/19	60	1	60
13	DM099836	BEN-111667	P0030	调味薯片(盒)	2022/1/31	11	1	11
14	DM099836	BEN-111667	CBN-005	肉片类(盒)×2+肉类制品(包)×2+调味酱料(盒)×1	2022/1/31	150	1	150
15	DM099836	BEN-111667	CBN-005	肉片类(盒)×2+肉类制品(包)×2+调味酱料(盒)×1	2022/1/31	150	3	450
16	DM099836	BEN-111667	P0001	调味薯片(盒)	2022/1/31	18	1	18
17	DM099836	BEN-111667	P0045	其他水产	2022/1/31	31	3	93
18	DM099905	BEN-111668	P0013	烘焙食品(包)	2022/2/2	9.9	1	9.9
19	DM099905	BEN-111668	P0013	烘焙食品(包)	2022/2/2	9.9	3	29.7
20	DM099905	BEN-111668	P0045	其他水产	2022/2/2	31	2	62
21	DM099905	BEN-111668	CBN-008	蛋卷(盒)×1+米果(包)×1+饼干(打)×1+泡芙(打)×1	2022/2/2	70	3	210
22	DM099984	BEN-111669	P0034	综合火锅料(组)	2022/2/6	45	2	90
23	DM099984	BEN-111669	CBN-013	蛋卷(盒)×1+烘焙食品(包)×1+速溶牛奶	2022/2/6	49	1	49
24	DM099984	BEN-111669	CBN-012	速溶咖啡(盒)×2+冲泡茶包(盒)×2	2022/2/6	80	3	240
25	DM099984	BEN-111669	P0046	海鲜拼盘(组)	2022/2/6	49	3	147
26	DM100516	BEN-111670	P0032	综合火锅料(组)	2022/4/12	23	1	23
27	DM100516	BEN-111670	CBN-006	鱼类×1+其他水产×1+海鲜拼盘(组)×1	2022/4/12	110	1	110
28	DM100516	BEN-111670	P0004	饼干(打)	2022/4/12	15	1	15
29	DM100516	BEN-111670	CBN-002	火锅片类(盒)×2+海鲜拼盘(组)×1+综合火锅料(组)×1+调味酱料(盒)×1	2022/4/12	180	1	180
30	DM099457	BEN-111671	CBN-005	肉片类(盒)×2+肉类制品(包)×2+调味酱料(盒)×1	2022/1/22	150	1	150

图4-24　2019—2022年某分店销售明细表

问题1：各年的总销量和总销售额是多少？

步骤如下。

第一步：因为原始数据中没有直接给出年份信息，所以需要新增一个"年份"字段，我们可以利用YEAR函数根据"交易建立日"字段计算出相应的年份，如图4-25所示。

	会员编号	交易编号	产品编号	产品名称	交易建立日	产品单价（元）	产品数量	金额（元）	年份
I2				=YEAR(E2)					
1	会员编号	交易编号	产品编号	产品名称	交易建立日	产品单价（元）	产品数量	金额（元）	年份
2	DM101364	BEN-111665	CBN-002	火锅片类(盒)×2+海鲜拼盘(组)×1+综合火锅料(组)×1+调味酱料(盒)×1	2022/4/2	180	1	180	2022
3	DM101364	BEN-111665	P0036	综合叶菜(包)	2022/4/2	23	1	23	2022
4	DM101364	BEN-111665	P0042	鲜肉类	2022/4/2	38	1	38	2022
5	DM101364	BEN-111665	CBN-013	蛋卷(盒)×1+烘焙食品(包)×1+速溶牛奶(罐)×1	2022/4/2	49	3	147	2022
6	DM101364	BEN-111665	CBN-005	肉片类(盒)×2+肉类制品(包)×2+调味酱料(盒)×1	2022/4/2	150	1	150	2022
7	DM101364	BEN-111665	P0008	口香糖(盒)	2022/4/2	9	2	18	2022
8	DM101364	BEN-111666	CBN-013	蛋卷(盒)×1+烘焙食品(包)×1+速溶牛奶(罐)×1	2022/4/19	49	4	196	2022
9	DM101364	BEN-111666	CBN-011	综合叶菜(包)×1+根茎类(包)×1+瓜果类(包)×1	2022/4/19	50	2	100	2022
10	DM101364	BEN-111666	P0014	其他休闲食品(包)	2022/4/19	14	1	14	2022

图4-25　新增"年份"字段

第二步：选中所有的数据，单击"插入"选项卡中"表格"组的"数据透视表"按钮，弹出"创建数据透视表"对话框，在"选择放置数据透视表的位置"选区中选中"新工作表"

单选按钮，创建空白数据透视表框架。

第三步：拖曳相关的字段，将"年份"字段拖曳至"行"列表框中，将"产品数量"和"金额（元）"字段拖曳至"值"列表框中，如图 4-26 所示。

图 4-26 拖曳相关的字段

第四步：汇总结果如图 4-27 所示。

行标签	求和项:产品数量	求和项:金额（元）
2019	46899	2676405.3
2020	122806	6871728.9
2021	175055	9769626.2
2022	75609	4224488.7
总计	420369	23542249.1

月份	(多项)	
行标签	求和项:产品数量	求和项:金额（元）
2021	54869	3055131.5
2022	75609	4224488.7
总计	130478	7279620.2

图 4-27 汇总结果

我们可以从左侧的汇总数据中看出，由于该公司 2019 年 10 月新成立，市场还没有完全打开，因此该年度产品销售数量和销售金额同比较低，2020 年至 2021 年产品销售数量逐步上升。

对于 2022 年的销售情况，还可以在原始数据中利用 MONTH 函数增加"月份"字段。在数据透视表中的"筛选"列表框中增加"月份"字段，选择前 5 个月可以得出如图 4-27 右侧所示的数据，2022 年前 5 个月的销售额与 2021 年前 5 个月的销售额相比也呈现上升趋势。

问题 2：各年哪种产品销量最好？哪种产品销量最差？

第一步：同第一个问题的第二步，建立空白的数据透视表框架。

第二步：拖曳相关的字段，将"年份"字段拖曳至"筛选"列表框中，"产品名称"字段拖曳至"行"列表框中，"产品数量"和"金额（元）"字段拖曳至"值"列表框中，字段拖曳结果如图 4-28 所示。

图 4-28　字段拖曳结果

第三步：销售产品种类初步汇总结果如图 4-29 所示，由于数据量较大，只截取部分结果。我们可以看到，当产品种类较多时，产品销量的数据是杂乱无章的，不能直观地看出哪种产品的销量最大，因此需要对结果做进一步处理。

	A	B	C
1	年份	（全部）	
2			
3	行标签	求和项:产品数量	求和项:金额（元）
4	包装水(打)	4043	97032
5	冰品(桶)	4165	54145
6	饼干(打)	8330	124950
7	茶类饮品(六罐)	4116	86436
8	冲泡茶包(盒)	4204	79876
9	蛋卷(盒)	4206	92532
10	蛋卷(盒)×1+烘焙食品(包)×1+速溶牛奶(罐)×1	8468	414932
11	蛋卷(盒)×1+米果(包)×1+饼干(打)×1+泡芙(打)×1	4200	294000
12	调味豆干(包)	4201	67216
13	调味酱料(盒)	4195	79705
14	调味薯片(盒)	8557	154026
15	高级酒类(瓶)	12810	1665300
16	根茎类(包)	4163	74934
17	菇菌类(包)	4242	72114
18	瓜果类(包)	4239	76302
19	果冻(盒)	4154	33232
20	果冻(盒)×2+冰品(桶)×1+牛奶调味乳(盒)×1	4373	192412
21	果酱制品(罐)	4221	37989
22	海苔(包)	4258	51096
23	海鲜拼盘(组)	2490	612010
24	烘焙食品(包)	8469	83843.1
25	花生(包)	4105	32840

图 4-29　销售产品种类初步汇总结果

第四步：对汇总数据的产品数量进行降序排序。选择某个数值字段的任意单元格，单击"数据"选项卡中"排序和筛选"组的"降序"按钮，也可以右击，在弹出的快捷菜单中选择"排序"→"降序"命令，如图 4-30 所示。

第五步：降序排序后可以得到以下数据，如图 4-31～图 4-34 所示。

图 4-30　选择"排序"→"降序"命令

行标签	求和项:产品数量	求和项:金额（元）
年份	2019	
火锅片类(盒)×2+海鲜拼盘(组)×1+综合火锅料(组)×1+调味酱料(盒)×1	4989	898020
肉片类(盒)×2+肉类制品(包)×2+调味酱料(盒)×1	2468	370200
综合叶菜(包)	1884	43332
高级酒类(瓶)	1452	188760
海鲜拼盘(组)	1444	70756

图 4-31　2019 年分店销售情况汇总表（按产品数量降序）

行标签	求和项:产品数量	求和项:金额（元）
年份	2020	
火锅片类(盒)×2+海鲜拼盘(组)×1+综合火锅料(组)×1+调味酱料(盒)×1	12233	2201940
肉片类(盒)×2+肉类制品(包)×2+调味酱料(盒)×1	6257	938550
综合叶菜(包)	4900	112700
鲜肉类	3897	148086
鱼类	3789	151560

图 4-32　2020 年分店销售情况汇总表（按产品数量降序）

行标签	求和项:产品数量	求和项:金额（元）
年份	2021	
火锅片类(盒)×2+海鲜拼盘(组)×1+综合火锅料(组)×1+调味酱料(盒)×1	17355	3123900
肉片类(盒)×2+肉类制品(包)×2+调味酱料(盒)×1	8706	1305900
综合叶菜(包)	7003	161069
咖啡(盒)	5517	82755
速溶咖啡(盒)	5393	124039

图 4-33　2021 年分店销售情况汇总表（按产品数量降序）

	A	B	C
1	年份	2022	
2			
3	行标签	求和项:产品数量	求和项:金额（元）
4	火锅片类(盒)×2+海鲜拼盘(组)×1+综合火锅料(组)×1+调味酱料(盒)×1	7473	1345140
5	肉片类(盒)×2+肉类制品(包)×2+调味酱料(盒)×1	3778	566700
6	综合叶菜(包)	3137	72151
7	高级酒类(瓶)	2472	321360
8	鲜肉类	2409	91542

图 4-34　2022 年分店销售情况汇总表（按产品数量降序）

2019—2022 年连续 4 年，始终是产品"火锅片类（盒）×2+海鲜拼盘（组）×1+综合火锅料（组）×1+调味酱料（盒）×1"的销量最好。

第六步：参照第四步的做法，根据"产品数量"字段进行升序排序，可以得到以下数据，如图 4-35～图 4-38 所示。

	A	B	C
1	年份	2019	
2			
3	行标签	求和项:产品数量	求和项:金额（元）
4	花生(包)×2+米果(包)×2+啤酒类(打)×1	230	16100
5	综合叶菜(包)×2+根茎类(包)×2+蔬果汁(盒)×2	260	31200
6	肉类制品(包)	368	12512
7	冷冻水饺(包)	418	4180
8	汽水(六瓶)×1+啤酒类(打)×1+茶类饮品(六罐)×1+咖啡(盒)×1	418	36784

图 4-35　2019 年分店销售情况汇总表（按产品数量升序）

	A	B	C
1	年份	2020	
2			
3	行标签	求和项:产品数量	求和项:金额（元）
4	综合叶菜(包)×2+根茎类(包)×2+蔬果汁(盒)×2	623	74760
5	花生(包)×2+米果(包)×2+啤酒类(打)×1	671	46970
6	速溶牛奶(罐)	1043	27118
7	蛋卷(盒)×1+米果(包)×1+饼干(打)×1+泡芙(打)×1	1083	75810
8	瓜果类(包)	1104	19872

图 4-36　2020 年分店销售情况汇总表（按产品数量升序）

	A	B	C
1	年份	2021	
2			
3	行标签	求和项:产品数量	求和项:金额（元）
4	花生(包)×2+米果(包)×2+啤酒类(打)×1	892	62440
5	综合叶菜(包)×2+根茎类(包)×2+蔬果汁(盒)×2	992	119040
6	泡面类(盒)	1639	39336
7	冷冻水饺(包)	1645	16450
8	汽水(六瓶)×1+啤酒类(打)×1+茶类饮品(六罐)×1+咖啡(盒)×1	1647	144936

图 4-37　2021 年分店销售情况汇总表（按产品数量升序）

	A	B	C
1	年份	2022	
2			
3	行标签	求和项:产品数量	求和项:金额（元）
4	综合叶菜(包)×2+根茎类(包)×2+蔬果汁(盒)×2	346	41520
5	花生(包)×2+米果(包)×2+啤酒类(打)×1	359	25130
6	其他类饮品(盒)	674	10784
7	泡面类(盒)×1+冷冻水饺(包)×1+冷冻鸡块(包)×1	674	29656
8	其他休闲食品(包)	683	9562

图 4-38　2022 年分店销售情况汇总表（按产品数量升序）

在 2019 年和 2021 年，产品"花生（包）×2+米果（包）×2+啤酒类（打）×1"的销量最差。

在 2020 年和 2022 年，产品"综合叶菜（包）×2+根茎类（包）×2+蔬果汁（盒）×2"的销量最差。

问题 3：2022 年哪个月的业绩最好？哪个月的业绩最差？

第一步：统计某个月份的业绩需要对原始数据进行处理，增加"月份"字段，如图 4-39 所示。

	A	B	C	D	E	F	G	H	I	J
	会员编号	交易编号	产品编号	产品名称	交易建立日	产品单价（元）	产品数量	金额（元）	年份	月份
2	DM101364	BEN-111665	CBN-002	火锅片类（盒）×2+海鲜拼盘（组）×1+综合火锅料（组）×1+调味酱料（盒）×1	2022/4/2	180	1	180	2022	4
3	DM101364	BEN-111665	P0036	综合叶菜（包）		23	1	23	2022	4
4	DM101364	BEN-111665	P0042	鲜肉类		38	1	38	2022	4
5	DM101364	BEN-111665	CBN-013	蛋卷（盒）×1+烘焙食品（包）×1+速溶牛奶（罐）×1	2022/4/2	49	3	147	2022	4
6	DM101364	BEN-111665	CBN-005	肉片类（盒）×1+肉类制品（包）×2+调味酱料（盒）×1	2022/4/2	150	1	150	2022	4
7	DM101364	BEN-111665	P0008	口香糖（盒）		9	2	18	2022	4
8	DM101364	BEN-111666	CBN-013	蛋卷（盒）×1+烘焙食品（包）×1+速溶牛奶（罐）×1	2022/4/19	49	4	196	2022	4

图 4-39 增加"月份"字段

第二步：同第一个问题的第二步，建立空白的数据透视表框架。将"月份"字段拖曳至"行"列表框中，"年份"字段拖曳至"筛选"列表框中，"金额（元）"字段拖曳至"值"列表框中，字段拖曳结果如图 4-40 所示。

图 4-40 字段拖曳结果

第三步：汇总结果如图 4-41 所示。

年份	2022
行标签	求和项:金额（元）
1	1209357.2
2	808311
3	1039195.3
4	960899.7
5	206725.5
总计	4224488.7

图 4-41 汇总结果

从图 4-41 可以看出，在 2022 年的前 5 个月中，业绩最好的是 1 月，业绩最差的是 5 月。

4.3.4　实用数据透视表技巧

除了前述创建步骤及案例中介绍的典型数据透视表分析方法，在实际操作中，还会有根据数据透视表进一步进行数据分析的需求。例如，根据已有的销售数据给出各地区或分店的销售占比、销售数据以 10 天为一组显示等。现根据需求介绍 5 种实用的数据透视表技巧。

1.　占比计算

以 A 企业两家分店 2022 年的销售情况（见表 4-18）为例，现已有数据透视结果如图 4-42 所示。

求和项:金额（元）	列标签				
行标签	粮油类	日用品类	食品类	饮料类	总计
锦江分店	1273454	489254.6	557919.5	389635.3	2710263.4
新天地分店	1487235	479853.2	661864	498753.5	3127705.7
总计	2760689	969107.8	1219783.5	888388.8	5837969.1

图 4-42　A 企业两家分店 2022 年销售情况的数据透视结果

现在需要进一步对数据进行分析，得到两家分店对整体的贡献额，以及各种产品的销售额占总销售额的比例，具体操作方法如下。

第一步：在已有数据的基础上，将"金额（元）"字段拖曳至"值"列表框中。

第二步：在"总计"行的单元格上右击，在弹出的快捷菜单中选择"值显示方式"→"列汇总的百分比"命令，即可得到各分店某品类产品销量占该品类产品总销量的比例，如图 4-43 所示。

求和项:金额（元）	列标签				
行标签	粮油类	日用品类	食品类	饮料类	总计
锦江分店	46.13%	50.49%	45.74%	43.86%	46.42%
新天地分店	53.87%	49.51%	54.26%	56.14%	53.58%
总计	100.00%	100.00%	100.00%	100.00%	100.00%

图 4-43　各分店某品类产品销量占该品类产品总销量的比例

从该数据我们可以得出两个分店的销售额的占比情况，以及各分店的各品类产品销量对整体的贡献情况。

我们也可以进一步对各品类产品销量进行比重分析，在"总计"行的单元格上右击，在弹出的快捷菜单中选择"值显示方式"→"行汇总的百分比"命令，如图 4-44 所示。

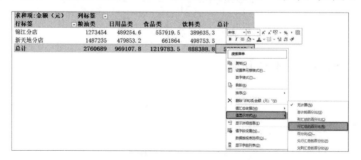

图 4-44　选择"值显示方式"→"行汇总的百分比"命令

可以得到各分店各品类产品销量占该分店总销量的比例，如图 4-45 所示。

求和项：金额（元）	列标签				
行标签	粮油类	日用品类	食品类	饮料类	总计
锦江分店	46.99%	18.05%	20.59%	14.38%	100.00%
新天地分店	47.55%	15.34%	21.16%	15.95%	100.00%
总计	47.29%	16.60%	20.89%	15.22%	100.00%

图 4-45 各分店各品类产品销量占该分店总销量的比例

2. 切片器

切片器属于数据透视表的拓展，利用该功能可以很直观地展示筛选的数据。

以 A 企业两家分店 2022 年销售情况的数据透视结果（见图 4-42）为例，对各品类进行筛选，可以很直观地得出各品类产品的销售情况。

第一步：在图 4-42 的基础上，选中数据透视表的全部数据，单击"插入"选项卡中"筛选器"组的"切片器"按钮。

第二步：在弹出的"插入切片器"对话框中，选择"种类"选项。

第三步：得到以下切片器效果，如图 4-46 所示。

求和项：金额（元）	列标签						种类
行标签	粮油类	日用品类	食品类	饮料类	总计		粮油类
锦江分店	1273454	489254.6	557919.5	389635.3	2710263.4		日用品类
新天地分店	1487235	479853.2	661864	498753.5	3127705.7		食品类
总计	2760689	969107.8	1219783.5	888388.8	5837969.1		饮料类

图 4-46 切片器效果

选择不同的种类，可以很方便地根据种类筛选数据，例如，选择"粮油类"选项，效果如图 4-47 所示。

求和项：金额（元）	列标签		种类
行标签	粮油类	总计	粮油类
锦江分店	1273454	1273454	日用品类
新天地分店	1487235	1487235	食品类
总计	2760689	2760689	饮料类

图 4-47 选择"粮油类"选项

3. 环比计算

以 A 企业两家分店 2022 年每月的销售额为例，在完成数据透视表的创建后，计算每个月的环比数据。

第一步：参照案例实践第三个问题的步骤，得出 A 企业两家分店 2022 年每个月的总销售额。

第二步：选中"求和项：金额"列的任一单元格并右击，在弹出的快捷菜单中选择"值显示方式"→"差异百分比"命令。

第三步：在弹出的"值显示方式（求和项：金额（元））"对话框中，设置需要的字段，将"基本项"设置为"（上一个）"，即环比操作，如图4-48所示。

图4-48　将"基本项"设置为"（上一个）"

第四步：A企业2022年各月销售额环比数据计算结果如图4-49所示。

图4-49　A企业2022年各月销售额环比数据计算结果

4. 同比计算

A企业2020年、2021年的销售数据如图4-50所示，在完成数据透视表的创建后，计算每个月的同比数据。

	A	B	C	D	E	F	G	H	I	J
1	会员编号	交易编号	产品编号	产品名称		交易建立日	产品单价（元）	产品数量	金额（元）	年份	月份
2	DM098704	BEN-111679	P0016	啤酒类（打）		2021/12/29	46	1	46	2021	12
3	DM098704	BEN-111679	P0035	调味酱料（盒）		2021/12/29	19	1	19	2021	12
4	DM098704	BEN-111679	P0008	口香糖（盒）		2021/12/29	9	1	9	2021	12
5	DM098704	BEN-111679	P0042	鲜肉类		2021/12/29	38	1	38	2021	12
6	DM098704	BEN-111679	P0004	饼干类（打）		2021/12/29	15	1	15	2021	12
7	DM098704	BEN-111679	P0017	茶类饮品（六罐）		2021/12/29	21	1	21	2021	12
8	DM098475	BEN-111686	P0017	茶类饮品（六罐）		2021/12/21	21	11	231	2021	12
9	DM098475	BEN-111686	CBN-005	肉片类（盒）×2+肉类制品（包）×2+调味酱料（盒）×1		2021/12/21	150	2	300	2021	12
10	DM098475	BEN-111686	P0010	腌渍食品（盒）		2021/12/21	15	2	30	2021	12
11	DM098475	BEN-111686	P0021	牛奶调味乳（盒）		2021/12/21	15	1	15	2021	12
12	DM098475	BEN-111686	P0004	饼干类（打）		2021/12/21	15	1	15	2021	12
13	DM098674	BEN-111687	P0045	其他水产		2021/12/28	31	2	62	2021	12
14	DM098674	BEN-111701	P0033	冲泡茶包（盒）		2021/12/28	19	1	19	2021	12
15	DM098674	BEN-111701	P0020	瓶装水（打）		2021/12/28	24	1	24	2021	12
16	DM098674	BEN-111701	P0018	高级酒类（瓶）		2021/12/28	130	1	130	2021	12
17	DM098674	BEN-111701	P0020	瓶装水（打）		2021/12/28	24	1	24	2021	12
18	DM098674	BEN-111701	P0004	饼干类（打）		2021/12/28	15	2	30	2021	12
19	DM098674	BEN-111701	P0044	鱼类		2021/12/28	40	2	80	2021	12
20	DM098674	BEN-111702	P0036	综合叶菜（包）		2021/12/28	23	2	46	2021	12
21	DM098674	BEN-111702	CBN-009	果冻（盒）×2+冰品（桶）×1+牛奶调味乳（盒）×1		2021/12/28	44	1	44	2021	12
22	DM099494	BEN-111705	P0019	蔬果（打）		2021/12/6	23	2	46	2021	12
23	DM099494	BEN-111705	P0043	火锅片类（盒）		2021/12/6	37	1	37	2021	12
24	DM099494	BEN-111705	P0012	果冻（盒）		2021/12/6	8	3	24	2021	12
25	DM099494	BEN-111705	CBN-012	速溶咖啡（盒）×2+冲泡茶包（盒）×2		2021/12/6	80	3	240	2021	12

图4-50　A企业2020年、2021年的销售数据

第一步：选中所有的数据，单击"插入"选项卡中"表格"组的"数据透视表"按钮，弹出"创建数据透视表"对话框，在"选择放置数据透视表的位置"选区中选中"新工作表"单选按钮，创建空白的数据透视表框架。

第二步：将"年份""月份"字段拖曳至"行"列表框中，将"金额（元）"字段拖曳至"值"列表框中，数据结果如图4-51所示。

第三步：选中"求和项：金额（元）"列的任一单元格并右击，在弹出的快捷菜单中选择"值显示方式"→"差异百分比"命令。

第四步：在弹出的"值显示方式（求和项：金额（元））"对话框中，设置需要的字段，将"基本字段"设置为"年份"，"基本项"设置为"（上一个）"，如图4-52所示。

行标签	求和项:金额（元）
⊟2020	6871728.9
1	692157.9
2	430308.5
3	650631.4
4	621186.3
5	664011.8
6	545702.9
7	442893.9
8	673641.6
9	610978.3
10	508046.1
11	434932.6
12	597237.6
⊟2021	9769626.2
1	441407.2
2	443670
3	544000.7
4	718755.8
5	907297.8
6	949456.9
7	1013590.5
8	780929.6
9	800643.9
10	982000.9
11	1159518.7
12	1028354.2
总计	16641355.1

图 4-51　数据结果

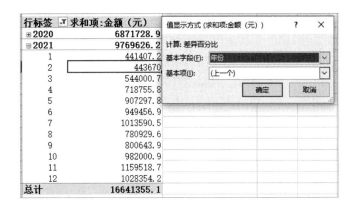

图 4-52　设置需要的字段

第五步：因为没有 2019 年的销售数据，2020 年的数据无法与 2019 年的数据进行同比计算，因此，2020 年的数据里没有对应的同比增长百分比数据。2021 年的数据可以与 2020 年的数据进行同比计算，如图 4-53 所示。

行标签	求和项:金额（元）		行标签	求和项:金额（元）
⊟2020	6871728.9		⊟2020	
1	692157.9		1	
2	430308.5		2	
3	650631.4		3	
4	621186.3		4	
5	664011.8		5	
6	545702.9		6	
7	442893.9		7	
8	673641.6		8	
9	610978.3		9	
10	508046.1		10	
11	434932.6		11	
12	597237.6		12	
⊟2021	9769626.2		⊟2021	42.17%
1	441407.2		1	-36.23%
2	443670		2	3.11%
3	544000.7		3	-16.39%
4	718755.8		4	15.71%
5	907297.8		5	36.64%
6	949456.9		6	73.99%
7	1013590.5		7	128.86%
8	780929.6		8	15.93%
9	800643.9		9	31.04%
10	982000.9		10	93.29%
11	1159518.7		11	166.60%
12	1028354.2		12	72.19%
总计	16641355.1		总计	

图 4-53　A 企业 2020 年、2021 年销售数据同比数据

5. 日期数据汇总

在实际获取数据的过程中，一般都有对应业务数据的产生日期，因此，将数据按照旬、月、季度、年进行汇总的要求很常见。前述案例中已经对按月、年进行数据汇总进行了介绍，

接下来利用分组的方法将数据按上、中、下旬进行汇总。

A 企业 2022 年 1 月的销售数据如图 4-54 所示，将销售数据以旬为单位进行统计，步骤如下。

	A	B	C	D	E	F	G	H	I	J	K
1	会员编号	交易编号	产品编号	产品名称	交易建立日	产品单价（元）	产品数量	金额（元）	年份	月份	红利积点
2	DM099836	BEN-111667	P0030	面条类(包)	2022/1/31	11	1	11	2022	1	1.1
3	DM099836	BEN-111667	CBN-005	肉片类(盒)×2+肉类制品(包)×2+调味酱料(盒)×1	2022/1/31	150	1	150	2022	1	15
4	DM099836	BEN-111667	CBN-005	肉片类(盒)×2+肉类制品(包)×2+调味酱料(盒)×1	2022/1/31	150	3	450	2022	1	45
5	DM099836	BEN-111667	P0001	调味薯片(盒)	2022/1/31	18	1	18	2022	1	1.8
6	DM099836	BEN-111667	P0045	其他水产	2022/1/31	31	3	93	2022	1	9.3
7	DM099457	BEN-111671	CBN-005	肉片类(盒)×2+肉类制品(包)×2+调味酱料(盒)×1	2022/1/22	150	1	150	2022	1	15
8	DM099457	BEN-111671	CBN-002	火锅片类(盒)×2+海鲜拼盘(组)×1+综合火锅料(组)×1+调味酱料(盒)×1	2022/1/22	180	1	180	2022	1	18
9	DM099457	BEN-111671	P0026	泡面类(盒)	2022/1/22	24	2	48	2022	1	4.8
10	DM099457	BEN-111671	CBN-013	蛋卷(盒)×1+烘焙食品(包)×1+速溶牛奶(罐)×1	2022/1/22	49	2	98	2022	1	9.8
11	DM098881	BEN-111672	CBN-002	火锅片类(盒)×2+海鲜拼盘(组)×1+综合火锅料(组)×1+调味酱料(盒)×1	2022/1/4	180	1	180	2022	1	18
12	DM098881	BEN-111672	P0004	饼干(打)	2022/1/4	15	1	15	2022	1	1.5
13	DM098881	BEN-111672	CBN-006	鱼类×1+其他水产×1+海鲜拼盘(组)×1	2022/1/4	110	1	110	2022	1	11
14	DM098881	BEN-111672	P0041	肉类制品(包)	2022/1/4	34	1	34	2022	1	3.4
15	DM098881	BEN-111672	P0045	其他水产	2022/1/4	31	1	31	2022	1	3.1
16	DM098881	BEN-111673	P0004	饼干(打)	2022/1/31	15	2	30	2022	1	3
17	DM099492	BEN-111674	CBN-002	火锅片类(盒)×2+海鲜拼盘(组)×1+综合火锅料(组)×1+调味酱料(盒)×1	2022/1/22	180	1	180	2022	1	18
18	DM099492	BEN-111674	P0018	高级酒类(瓶)	2022/1/22	130	1	130	2022	1	13
19	DM099492	BEN-111674	P0032	速溶咖啡(盒)	2022/1/22	23	1	23	2022	1	2.3
20	DM099492	BEN-111674	CBN-011	综合叶菜(包)×1+根茎类(包)×1+瓜果类(包)×1	2022/1/22	50	3	150	2022	1	15
21	DM099492	BEN-111674	CBN-014	花生(包)×2+米果(包)×2+啤酒类(打)×1	2022/1/22	70	1	70	2022	1	7
22	DM099492	BEN-111674	CBN-005	肉片类(盒)×2+肉类制品(包)×2+调味酱料(盒)×1	2022/1/22	150	2	300	2022	1	30
23	DM099493	BEN-111675	P0036	综合叶菜(包)	2022/1/23	23	1	23	2022	1	2.3
24	DM099493	BEN-111675	CBN-012	速溶咖啡(盒)×2+冲泡茶包(盒)×2	2022/1/23	80	1	80	2022	1	8
25	DM099493	BEN-111675	CBN-013	蛋卷(盒)×1+烘焙食品(包)×1+速溶牛奶(罐)×1	2022/1/23	49	1	49	2022	1	4.9
26	DM099493	BEN-111675	P0008	口香糖(盒)	2022/1/23	9	3	27	2022	1	2.7

图 4-54　A 企业 2022 年 1 月的销售数据（部分）

第一步：选中所有数据，单击“插入”选项卡中“表格”组的“数据透视表”按钮，弹出“创建数据透视表”对话框，在“选择放置数据透视表的位置”选区中选中“新工作表”单选按钮，创建空白的数据透视表框架。

第二步：将“产品名称”和“交易建立日”字段拖曳至“行”列表框中，“金额（元）”字段拖曳至“值”列表框中，数据透视结果如图 4-55 所示。

行标签	求和项:金额（元）
⊞包装水(打)	4752
⊞冰品(桶)	2886
⊟饼干(打)	6780
2022/1/1	60
2022/1/2	255
2022/1/3	330
2022/1/4	330
2022/1/5	270
2022/1/8	135
2022/1/9	390
2022/1/10	360
2022/1/11	225
2022/1/12	210
2022/1/13	15
2022/1/15	240
2022/1/16	165
2022/1/17	345
2022/1/18	225
2022/1/19	435
2022/1/20	15
2022/1/22	330
2022/1/23	345
2022/1/24	315
2022/1/25	330
2022/1/26	255
2022/1/27	15
2022/1/29	450
2022/1/30	270
2022/1/31	465
⊟茶类饮品(六罐)	4767

图 4-55　数据透视结果

第三步：选中数据透视结果中的日期并右击，在弹出的快捷菜单中选择“组合”命令，如图 4-56 所示。

第四步：弹出"组合"对话框，在"步长"列表框中选择"日"选项，将"天数"设置为 10，如图 4-57 所示。

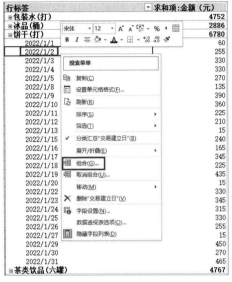

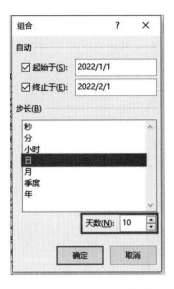

图 4-56 选择"组合"命令　　　　　图 4-57 "组合"对话框

第五步：汇总结果如图 4-58 所示，可以很直观地看出 A 企业 1 月上、中、下旬的销售金额。

行标签	求和项:金额（元）
⊟包装水(打)	4752
2022/1/1 - 2022/1/10	1296
2022/1/11 - 2022/1/20	1464
2022/1/21 - 2022/1/30	1704
2022/1/31 - 2022/2/1	288
⊟冰品(桶)	2886
2022/1/1 - 2022/1/10	975
2022/1/11 - 2022/1/20	845
2022/1/21 - 2022/1/30	897
2022/1/31 - 2022/2/1	169
⊟饼干(打)	6780
2022/1/1 - 2022/1/10	2130
2022/1/11 - 2022/1/20	1875
2022/1/21 - 2022/1/30	2310
2022/1/31 - 2022/2/1	465

图 4-58 汇总结果

数据透视表还有计算字段、查看明细、更改样式等实用功能，用户可以结合已有内容在实践过程中逐步摸索研究。

1．举例说明算术平均数、调和平均数、几何平均数和加权平均数这些术语的应用场景。

2．漏斗图法一般用于分析网站中关键路径的转化率，请对转化率的一般计算方法进行简要描述。

3．请结合自己的专业，从专业角度谈谈还有哪些常见的数据分析方法。

4．结合本书素材文件中的企业案例数据——在职员工信息表，利用分组统计法，统计该企业中不同年龄段的员工人数。

5．结合本书素材文件中的企业案例数据——2022 年四川分店销售情况，使用数据透视表帮助企业统计出 2022 年购买物品的金额超过 10 000 元的客户。

>>>>>>

第5章

数据展示

学习目标

（1）了解图标集、迷你图的使用场景和方法。

（2）熟练掌握折线图、柱形图、饼图的制作方法。

（3）掌握旋风图、瀑布图的制作方法。

（4）提升学生的实践能力，培养学生独立分析问题的能力。

知识结构图

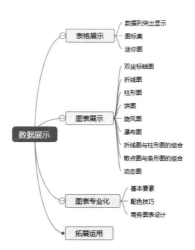

前面章节对行业背景进行了介绍，对数据进行清洗、整理、加工后，对数据进行分析，从而得出不同的结论。如何更直观地将结论表达出来呢？这就需要进行数据的展示。本章主要分为4部分：第一部分为表格展示，分为数据列突出显示、图标集及迷你图；第二部分为图表展示；第三部分为图表专业化；第四部分为拓展运用。

5.1 表格展示

5.1.1 数据列突出显示

Excel 中存储着大量的数据，对于某些范围内的数据需要重点标识出来，说明此类数据在整个列中具有强调作用。例如，在在职员工信息表的"学历"列中，大部分员工具有本科或大专的学历，少量员工具有硕士、博士学历，需要突出显示具有博士学历的员工；在"年龄"列中，超过 50 岁的员工临近退休年龄，需要突出显示。

第一步：选中"学历"列，单击"开始"选项卡中"样式"组的"条件格式"按钮，在弹出的下拉列表中选择"新建规则"选项，弹出"新建格式规则"对话框，在"选择规则类型"列表框中选择"使用公式确定要设置格式的单元格"选项，如图 5-1 所示。

图 5-1　新建规则

第二步：在"编辑规则说明"选区的文本框中输入公式"=$k1="博士""，如图 5-2 所示。注意，这里是两个"="，因为遵守的规则是通过公式值得到的。

第三步：单击"格式"按钮，在弹出的"设置单元格格式"对话框中选择需要设置的格式。为了更好地突出显示的效果，此处选择"填充"选项卡，将"背景色"设置为绿色，如图 5-3 所示。

图 5-2　输入公式

图 5-3　设置格式

第四步：完成设置后，可以看到博士学历在"学历"列中通过填充不同的颜色而突出显示出来，效果如图 5-4 所示。

	B	C	D	E	F	G	H	I	J	K
1	姓名	性别	部门	职务	婚姻状况	出生日期	年龄	进公司时间	本公司工龄	学历
2	AAA1	男	管理层	总经理	已婚	1963/12/12	59	2013/01/08	10	博士
3	AAA2	男	管理层	副总经理	已婚	1965/06/18	57	2013/01/08	10	硕士
4	AAA3	女	管理层	副总经理	已婚	1979/10/22	43	2013/01/08	10	本科
5	AAA4	男	管理层	职员	已婚	1986/11/01	36	2014/09/24	8	本科
6	AAA5	女	管理层	职员	已婚	1982/08/26	40	2013/08/08	9	本科
7	AAA6	女	人事部	职员	离异	1983/05/15	39	2015/11/28	7	本科
8	AAA7	男	人事部	经理	已婚	1982/09/16	40	2015/03/09	8	本科
9	AAA8	男	人事部	副经理	未婚	1972/03/19	50	2013/04/10	10	本科
10	AAA9	男	人事部	职员	已婚	1978/05/04	44	2013/05/26	10	本科
11	AAA10	男	人事部	职员	已婚	1981/06/24	41	2016/11/11	6	大专
12	AAA11	女	人事部	职员	已婚	1972/12/15	50	2014/10/15	8	本科
13	AAA12	女	人事部	职员	未婚	1971/08/22	51	2014/05/22	9	本科
14	AAA13	男	财务部	副经理	已婚	1978/08/12	44	2014/10/12	8	本科
15	AAA14	女	财务部	经理	已婚	1969/07/15	53	2013/12/21	9	本科
16	AAA15	男	财务部	职员	未婚	1968/06/06	54	2015/10/18	7	本科

图 5-4　突出显示的效果

5.1.2　图标集

在一些存在大量数据的列中，需要将某些数据标识出来，除 5.1.1 节中的数据列突出显示外，还可以利用图标集的方式显示。例如，在会员客户信息表的"购买总次数（次）"列中，可以利用图标集，标识购买总次数在某个范围内的数据，而不需要知道具体的购买次数。在"购买总金额（元）"列中，可以利用图标集，标识购买总金额在某个范围内的数据，而不需要知道具体的购买金额。会员客户信息表如图 5-5 所示。

I	J	K	L	M	N	O
城市	城市（拼音）	入会管道	会员入会日	VIP建立日	购买总金额（元）	购买总次数（次）
石家庄	Shijiazhuang	信用卡	2015/2/6	2016/1/22	1761.4	24
郑州	Zhengzhou	自愿	2014/9/30	2016/5/15	11160.23	23
汕头	Shantou	广告	2015/6/8	2016/1/21	21140.56	45
呼和浩特	Hohhot	DM	2015/1/1	2015/8/16	288.56	30
呼和浩特	Hohhot	广告	2015/2/26	2015/10/11	1892.84	14
沈阳	Shenyang	DM	2015/7/27	2015/11/11	2485.74	46
长春	Changchun	广告	2014/3/15	2016/3/8	4584.56	32
武汉	Wuhan	自愿	2013/11/25	2014/11/3	984562.15	141
郑州	Zhengzhou	DM	2015/4/12	2016/3/28	1186.06	42
南宁	Nanning	自愿	2013/10/1	2014/9/8	4651.53	28
北京	Beijing	DM	2015/4/14	2015/11/27	4590.05	48
兰州	Lanzhou	自愿	2015/2/11	2015/11/26	804.53	26
汕头	Shantou	DM	2013/11/5	2015/10/4	34158.35	35
汕头	Shantou	自愿	2013/8/8	2014/11/7	3475.57	26
北京	Beijing	自愿	2013/6/18	2015/7/19	3432.72	45
北京	Beijing	DM	2013/4/6	2014/7/6	461.89	33
成都	Chengdu	自愿	2013/5/11	2014/8/11	575.11	29
南宁	Nanning	DM	2013/6/15	2014/9/16	236.46	23

图 5-5　会员客户信息表

第一步：单击"开始"选项卡中"样式"组的"条件格式"按钮，在弹出的下拉列表中选择"图标集"→"其他规则"选项。

第二步：在弹出的"新建格式规则"对话框中创建需要的格式规则。例如，将购买总金额进行大致的划分，购买总金额大于 15 000 元的会员属于高消费群体，小于 8000 元的会员属于低消费群体，如图 5-6 所示。划分结果如图 5-7 所示。

图 5-6　创建需要的格式规则

城市	城市（拼音）	入会管道	会员入会日	VIP建立日	购买总金额（元）
石家庄	Shijiazhuang	信用卡	2015/2/6	2016/1/22	1761.4
郑州	Zhengzhou	自愿	2014/9/30	2016/5/15	11160.23
汕头	Shantou	广告	2015/6/8	2016/1/21	21140.56
呼和浩特	Hohhot	DM	2015/1/1	2015/8/16	288.56
呼和浩特	Hohhot	广告	2015/2/26	2015/10/11	1892.84
沈阳	Shenyang	DM	2015/7/27	2015/11/11	2485.74
长春	Changchun	广告	2014/3/15	2016/3/8	4584.56
武汉	Wuhan	自愿	2013/11/25	2014/11/3	984562.15
郑州	Zhengzhou	DM	2015/4/12	2016/3/28	1186.06
南宁	Nanning	自愿	2013/10/1	2014/9/8	4651.53
北京	Beijing	DM	2015/4/14	2015/11/27	4590.05
兰州	Lanzhou	自愿	2015/2/11	2015/11/26	804.53
汕头	Shantou	DM	2013/11/5	2015/10/4	34158.35

扫一扫

图 5-7　划分结果

5.1.3　迷你图

迷你图清晰简洁，是常规图表的缩小版。查看 Excel 中的数据很难一目了然地发现问题，如果在数据旁边插入迷你图，就可以迅速发现数据的问题。迷你图占用的空间非常小，它镶嵌在单元格内，当数据发生变化时，迷你图也会跟着发生变化，打印的时候可以直接打印出来。例如，在 2022 年考勤数据表中，我们将 1 月到 12 月的数据进行处理，得到一般结果。如果只想看到 2022 年工作日加班或双休日加班的趋势图，就可以使用迷你图显示整个年度加班的大致情况。

第一步：将原始数据进行处理后，得到如图 5-8 所示的结果。

	A	B	C	D	E	F	G	H	I	J	K	L	M
1	事由	1月	2月	3月	4月	5月	6月	7月	8月	9月	10月	11月	12月
2	事假（天）	2	4	5	3	5	9	7	6	9	7	6	12
3	病假（天）	8	9	1	7	8	13	19	21	15	12	2	7
4	工作日加班（天）	13	16	10	12	9	18	26	20	16	15	1	3
5	双休日加班（天）	5	4	6	7	10	13	15	14	10	17	10	1

图 5-8　处理后的数据

第二步：单击"插入"选项卡中"迷你图"组的"折线图"按钮，弹出"创建迷你图"对话框，如图 5-9 所示。设置"数据范围"和"位置范围"，得到一个图，按住填充柄向下拖动，可以得出事假、病假、工作日加班、双休日加班的趋势图，如图 5-10 所示。

图 5-9　"创建迷你图"对话框

	A	B	C	D	E	F	G	H	I	J	K	L	M	N
1	事由	1月	2月	3月	4月	5月	6月	7月	8月	9月	10月	11月	12月	
2	事假（天）	2	4	5	3	5	9	7	6	9	7	6	12	
3	病假（天）	8	9	1	7	8	13	19	21	15	12	2	7	
4	工作日加班（天）	13	16	10	12	9	18	26	20	16	15	1	3	
5	双休日加班（天）	5	4	6	7	10	13	15	14	10	17	10	1	

图 5-10　事假、病假、工作日加班、双休日加班的趋势图

5.2　图表展示

5.2.1　双坐标轴图

双坐标轴图就是左右各一个 Y 轴，分别显示不同系列的数值。这类图表主要用于两个系列数值差异较大的情况。

在会员客户信息表中，对数据按职业进行分类汇总后，可以得到相关结果。若想用图表同时表示购买总金额和购买次数，但购买的金额（以万计或十万计）与购买次数（以百计或千计）不在一个数量级上，如果使用同一坐标，会导致购买次数显示不出差距，在这种情况下就需要把数量和金额分成两个 Y 轴分别显示数值，即双坐标轴图。又如，在在职员工信息表中，员工人数（以百计）与月平均工资（以千计）也没有在一个数量级上，我们以此为例来说明双坐标轴图的作用。

第一步：利用常规的做法，将员工人数与月平均工资以年份为维度插入图中，得到如图 5-11 所示的结果。可以看出，月平均工资以千计，而员工人数以百计，它们不在一个数量级上，如果使用同一个坐标，很难看出趋势。

第二步：选中代表员工人数的折线并右击，在弹出的快捷菜单中选择"设置数据系列格式"命令，如图 5-12 所示。

第三步：在"设置数据系列格式"窗格中，将"主坐标轴"修改为"次坐标轴"，如图 5-13 所示。

年份	员工人数（人）	月平均工资（元）	年工资总额（元）	年工资增长率
2019年	107	4652.43	497810.01	
2020年	232	5323.28	1235000.96	148.09%
2021年	416	5527.28	2299348.48	86.18%
2022年	507	5602.58	2840508.06	23.54%

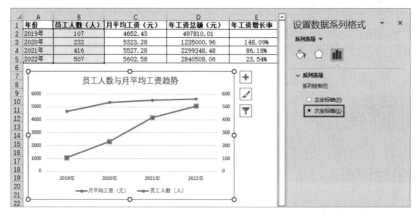

图 5-11　员工人数与月平均工资趋势　　　　图 5-12　选择"设置数据系列格式"命令

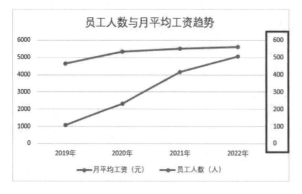

图 5-13　将"主坐标轴"修改为"次坐标轴"

第四步：图表效果如图 5-14 所示，图表拥有了主次两个不同数量级的坐标轴。

图 5-14　图表效果

第五步：主坐标轴的月平均工资不可能从 0 元开始，因此可以对主坐标轴的值进行修改。选中主坐标轴并右击，在弹出的快捷菜单中选择"设置坐标轴格式"命令，在"设置

坐标轴格式"窗格的"坐标轴选项"区域中,将"边界"选区的"最小值"修改为 2000,
如图 5-15 所示。

图 5-15　将"最小值"修改为 2000

第六步:利用相同的方法,调整次坐标轴的格式,添加数据标签,得到员工人数与月平
均工资的双坐标轴图,如图 5-16 所示。

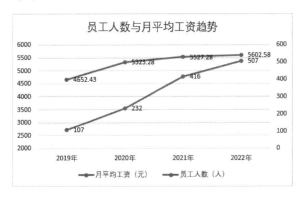

图 5-16　员工人数与月平均工资的双坐标轴图

5.2.2　折线图

折线图用来显示某个时期内的趋势变化。例如,数据在一段时间内呈增长趋势,在另一
段时间内呈下降趋势。通过这类图表,我们可以对将来做出预测,如制作在职员工信息表中
各部门男女人数的分布趋势图。

第一步：经过数据处理后，得到相应的数据结果。如果使用常规的折线图，可以得到如图 5-17 所示的结果。

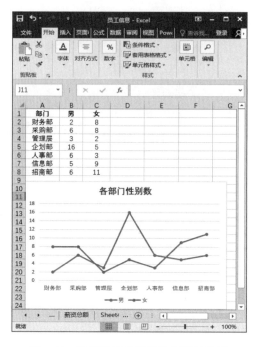

图 5-17　使用常规的折线图得到的结果

第二步：对折线图进行修改，制作成专业的图表，需要在数据中插入"辅助"列，如图 5-18 所示。

图 5-18　插入"辅助"列

第三步：选中表中的所有数据，单击"插入"选项卡中"图表"组的"插入柱形图或条形图"按钮，在弹出的下拉列表中选择"二维条形图"选区中的"簇状条形图"选项。

第四步：在生成的条形图中选中男或女系列并右击，在弹出的快捷菜单中选择"更改系列图表类型"命令，如图 5-19 所示。

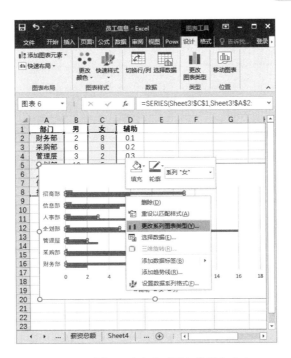

图 5-19　选择"更改系列图表类型"命令

第五步：弹出"更改图表类型"对话框，单击"系列名称"对应的"图表类型"下方的下拉按钮，在弹出的下拉列表中选择"XY（散点图）"选区中的第四种类型，即带直线和数据标识的散点图，如图 5-20 所示。使用相同的方法改变"男""女"系列对应的图表类型。调整图例并更改图表标题后，效果如图 5-21 所示。

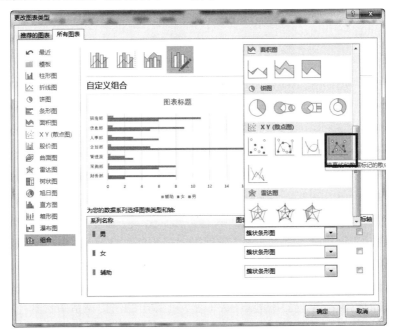

图 5-20　选择带直线和数据标识的散点图

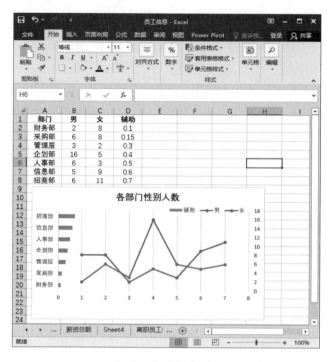

图 5-21　调整图例并更改图表标题后的效果

第六步：选中折线图的某一部分并右击，在弹出的快捷菜单中选择"选择数据"命令，分别选中"男""女"系列，单击"编辑"按钮，在弹出的"编辑数据系列"对话框中修改"X轴系列值"和"Y轴系列值"，如图 5-22 所示。

图 5-22　"编辑数据系列"对话框

第七步：选中"辅助"列图表并右击，在弹出的快捷菜单中选择"设置数据系列格式"命令。将辅助列的"填充"修改为"无填充"，并删除辅助图例。调整主坐标轴的值，在主坐标轴上右击，在弹出的快捷菜单中选择"设置坐标轴格式"命令，在"设置坐标轴格式"窗格的"坐标轴选项"区域中，将"边界"选区的"最小值"设置为-2，"最大值"设置为20，"单位"选区的"大""小"均设置为1，使折线图位于中间，删除次坐标轴，删除网格线，效果如图 5-23 所示。

第八步：添加数据标签。选中折线图并右击，在弹出的快捷菜单中选择"添加数据标签"命令，如果添加后不是想要的效果，可以选中所有的数据标签进行修改。修改样式后的效果如图 5-24 所示。

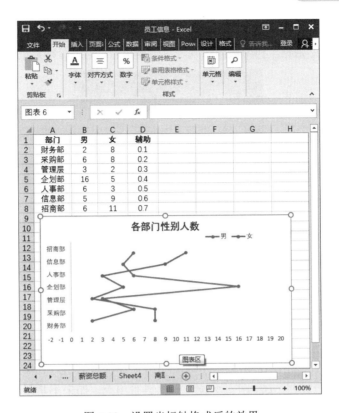

图 5-23　设置坐标轴格式后的效果

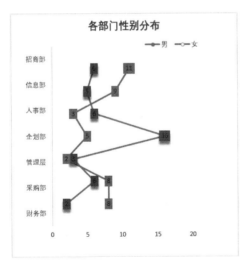

图 5-24　修改样式后的效果

5.2.3　柱形图

在在职员工信息表中，对数据进行处理，计算每个部门员工的平均年龄，如果一眼很难看出来哪个部门的员工平均年龄最大或最小，可以利用两系列值的方式，将众多部门中员工平均年龄最大和最小的部门使用不同的颜色标识出来。

第一步：处理原始数据，利用数据透视表对数据进行处理，处理后的数据如图 5-25 所示。

部门	平均年龄
财务部	45.40
采购部	41.21
管理层	41.00
企划部	42.38
人事部	37.67
信息部	37.50
营运部	27.83
招商部	39.88

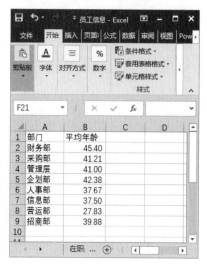

图 5-25　处理后的数据

第二步：在 C 列中利用 IF 函数和 MAX 函数计算出最大值，在 C2 单元格中输入公式“= IF（B2=Max($B$2:$B$9), B2,0)”，下拉填充柄进行填充。如果不是最大值，则对应单元格内填充为 0。在 D 列中利用 IF 函数和 MIN 函数计算出最小值，在 D2 单元格中输入公式“= IF (B2=Min($B$2:$B$9),B2,0)”，下拉填充柄进行填充。如果不是最小值，则对应单元格内填充为 0。最大值和最小值的计算结果如图 5-26 所示。

部门	平均年龄	最大年龄	最小年龄
财务部	45	45	0
采购部	41	0	0
管理层	41	0	0
企划部	42	0	0
人事部	37	0	0
信息部	37	0	0
营运部	27	0	27
招商部	39	0	0

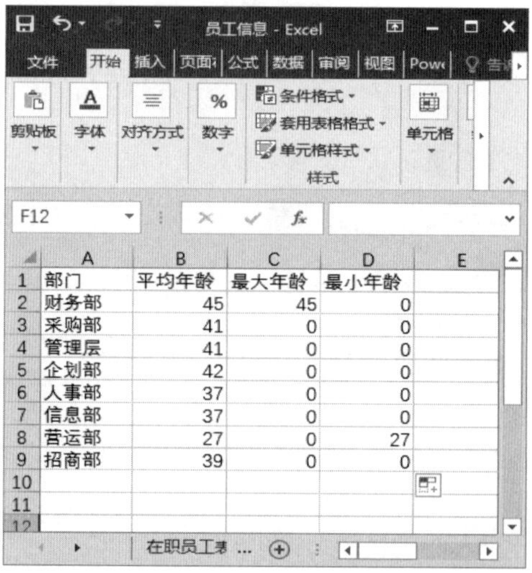

图 5-26　最大值和最小值的计算结果

第三步：选中 A1:B9 单元格区域，单击“插入”选项卡中“图表”组的“插入柱形图或条形图”按钮，在弹出的下拉列表中选择“二维柱形图”选区中的“簇状柱形图”选项，得到各部门员工平均年龄柱形图，如图 5-27 所示。

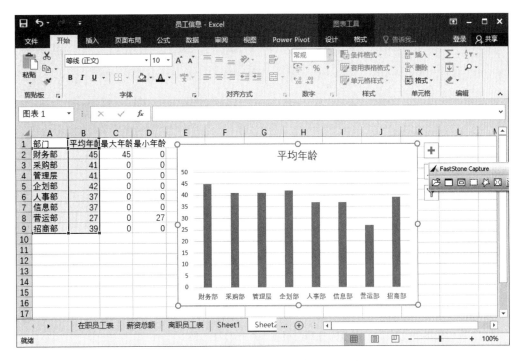

图 5-27　各部门员工平均年龄柱形图

第四步：在图表中添加最大年龄和最小年龄，选中生成的柱形图并右击，在弹出的快捷菜单中选择"选择数据"命令。

第五步：在"图例项（系列）"列表框中单击"添加"按钮，弹出"编辑数据系列"对话框，将"系列名称"设置为 C1 单元格，"系列值"设置为 C2:C9 单元格区域，单击"确定"按钮，设置结果如图 5-28 所示。

图 5-28　设置结果

重复第四步和第五步的操作，增加最小年龄系列，增加了极值的各部门员工平均年龄柱形图如图 5-29 所示。

第六步：选中财务部对应的柱形图并右击，在弹出的快捷菜单中选择"设置数据系列格式"命令，在"设置数据系列格式"窗格中，将"系列重叠"设置为 100%，即可将最大年龄与最小年龄使用不同的颜色突出显示，如图 5-30 所示。

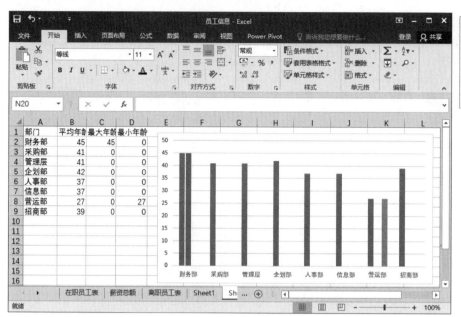

图 5-29　增加了极值的各部门员工平均年龄柱形图

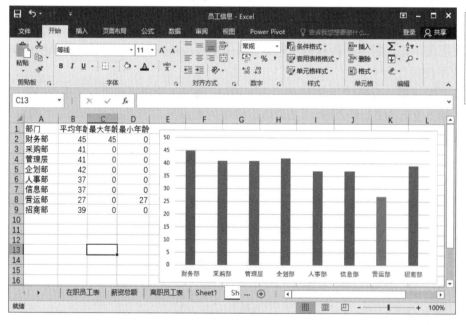

图 5-30　将最大年龄与最小年龄突出显示

第七步：为了达到更好的效果，可以在图中增加一条平均线。具体做法为：在 A10 单元格中输入"平均年龄"，在 B10 单元格中输入公式"=AVERAGE(B2:B9)"，计算出平均年龄。选中图表并右击，在弹出的快捷菜单中选择"选择数据"命令，单击"图例项（系列）"列表框中的"添加"按钮，在弹出的"编辑数据系列"对话框中编辑相应系列的 X 轴、Y 轴的值，如图 5-31 所示。

图 5-31　"编辑数据系列"对话框

第八步：将平均年龄的图表类型修改为散点图，详细做法可以参见折线图部分，此时平均年龄在图上表现为一个圆点。

第九步：单击表示平均年龄的圆点，单击右边出现的"+"按钮，在弹出的列表中勾选"误差线"复选框，如图 5-32 所示。

第十步：调整误差线的可视化形式。单击"误差线"选项后面的黑色小三角按钮，选择"更多选项"选项，在"设置误差线格式"窗格中调整误差值，选中"误差量"选区中的"自定义"单选按钮，弹出"自定义错误栏"对话框，将"正错误值"设置为 10，"负错误值"设置为 1，调整误差线的颜色和宽度，如图 5-33 和图 5-34 所示。

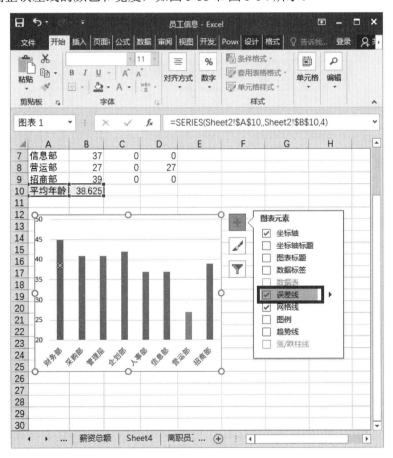

图 5-32　勾选"误差线"复选框

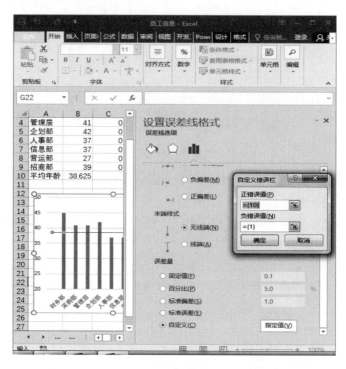

图 5-33　"自定义错误栏"对话框

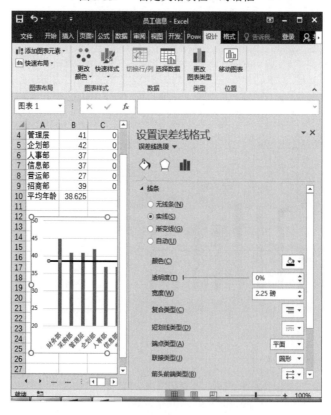

图 5-34　调整误差线的颜色和宽度

最终效果如图 5-35 所示。

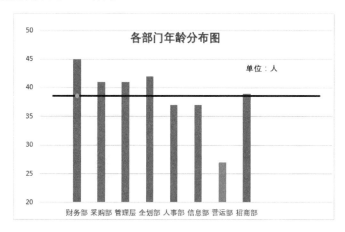

图 5-35　最终效果

5.2.4　饼图

饼图主要用于表示各个部分占整体的百分比，整体用整个饼表示，每部分用一个薄片表示。例如，考勤表中每个部门在整个年度中各类请假所占的比例，或者在职员工信息表中各年龄层次人数所占比例。

第一步：利用数据透视表处理原始数据后，得到年龄层次分布数据，如图 5-36 所示。

第二步：将以上数据制作成饼图，常规的做法是单击"插入"选项卡中"图表"组的"插入饼图或圆环图"按钮，选择合适的样式，如图 5-37 所示。

图 5-36　年龄层次分布数据

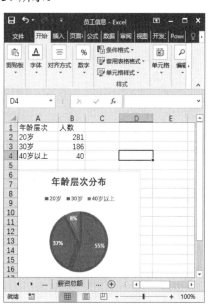

图 5-37　使用常规做法制作的饼图

第三步：对上面的饼图做一些修改，可以体现出立体感。在饼图的中间增加一个黑色的正圆，将透明度修改为40%，再在中间增加一个白色的正圆，即可达到如图5-38所示的效果。

图 5-38　优化后的效果

5.2.5　旋风图

旋风图通常是两组数据之间的对比，它的展示效果非常直白，两组数据孰强孰弱一眼就能够看出来。例如，在考勤表中，可以通过旋风图对比两个不同部门的加班数据，非常清楚明了。也可以查看在职员工信息表中各部门员工的男女人数分布趋势。

第一步：将原始数据进行处理，得到如图5-39所示的结果。单击"插入"选项卡中"图表"组的"插入柱形图或条形图"按钮，在弹出的下拉列表中选择"二维条形图"选区的"簇状条形图"选项，修改图表标题，得到如图5-40所示的效果。

图 5-39　数据处理结果

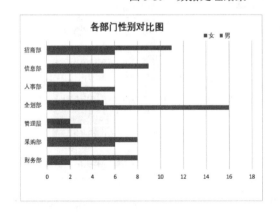

图 5-40　各部门性别对比图

第二步：选中图中橘色的数据条并右击，在弹出的快捷菜单中选择"设置数据系列格式"命令，在"设置数据系列格式"窗格中选中"次坐标轴"单选按钮，效果如图 5-41 所示。

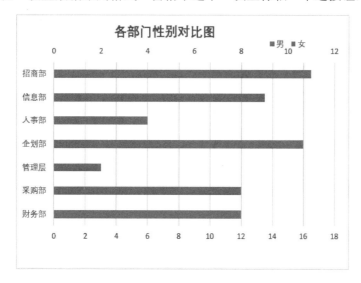

图 5-41　将"女"系列修改为"次坐标轴"后的效果

第三步：将两个系列的数据条分离。选中图表下方的坐标轴并右击，在弹出的快捷菜单中选择"设置坐标轴格式"命令，勾选"逆序刻度值"复选框，将主坐标轴"边界"选区中的"最小值"设置为-20，"最大值"设置为 16（这样设置是为中间的纵坐标标签留位置）。选中图表上方的坐标轴并右击，在弹出的快捷菜单中选择"设置坐标轴格式"命令，将次坐标轴"边界"选区中的"最小值"设置为-20，"最大值"设置为 16。效果如图 5-42 所示。

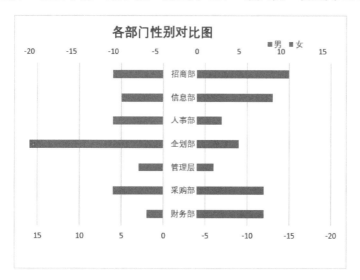

图 5-42　将两个系列数据条分离后的效果

第四步：美化图表。删除网格线和主、次坐标标签，得到如图 5-43 所示的效果。

扫一扫

图 5-43　美化图表后的效果

5.2.6　瀑布图

瀑布图（Waterfall Plot）是麦肯锡顾问公司独创的图表类型，因为形似瀑布流水而被称为瀑布图。这类图表采用绝对值与相对值结合的方式，适用于表现多个特定数值之间的数量变化关系。

如果用户想表现两个数据点之间数量的变化过程，就可以使用瀑布图。例如，期中与期末每月成交件数的消长变化。如果用户想表达一种连续的数值加减关系，也可以使用瀑布图。例如，在供货发货单中，我们可以看到 1 月的订单数据是 1470，2 月的数据是 1277（较 1 月减少了 193），3 月的数据是 934（较 2 月减少了 343），转换为加减法关系即 1470-193-343=934。再如，A 公司 1 月员工人数为 105 人，2 月为 121 人（较 1 月增加了 16 人），3 月为 129 人（较 2 月增加了 8 人），4 月为 139 人（较 3 月增加了 10 人），5 月为 127 人（较 4 月减少了 12 人）。转换为加减法关系即 105+16+8+10-12=127，105 与 127 为起讫值，其他数值为变化量。

第一步：将供货发货单中的数据进行整理，得到 1—12 月的订单数据，如图 5-44 所示。

图 5-44　1—12 月的订单数据

第二步：单击"插入"选项卡中"图表"组的"插入瀑布图、漏斗图、股价图、曲面图或雷达图"按钮，在弹出的下拉列表中选择"瀑布图"选区中的样式，效果如图 5-45 所示。

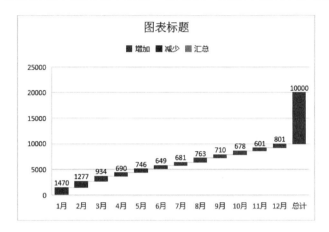

图 5-45　瀑布图

第三步：修改图形。将图表标题修改为"一年的订单数量变化"，增加"单位：单"，删除网格线。双击"总计"图例项，在"设置数据点格式"窗格中，勾选"设置为总计"复选框，如图 5-46 所示，整理后的效果如图 5-47 所示。

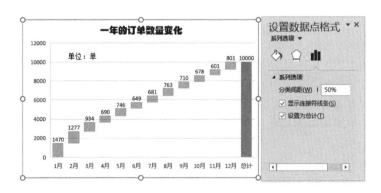

图 5-46　勾选"设置为总计"复选框

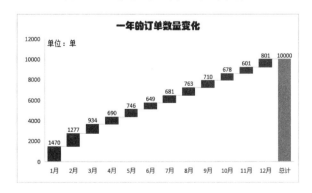

图 5-47　整理后的效果

5.2.7 折线图与柱形图的组合

组合图是将两种或两种以上不同类型的图表组合在一起来表现数据的一种形式。最常见的组合图是折线图与柱形图的组合，这样表现出来的数据更加直观。例如，将2022年四川分店销售情况表中的数据进行整理，通过对不同商品分类的销售金额与毛利率的比较，可以在看到销售金额的情况下，得出此类商品的毛利率情况。

第一步：将2022年四川分店销售情况表中的原始数据进行整理，得到各类商品的销售金额及毛利率，如图5-48所示。

	A	B	C
1	分类	销售金额	毛利率
2	食品类	1219783.6	18.53%
3	饮料类	888388.71	26.35%
4	日用品类	969107.82	19.34%
5	粮油类	2760688.5	32.53%

图5-48 各类商品的销售金额及毛利率

第二步：选中整理后的数据，单击"插入"选项卡中"图表"组的"插入柱形图或条形图"按钮，选择一个比较适合的样式，生成柱形图，如图5-49所示。

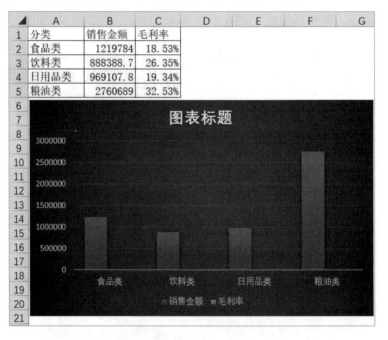

图5-49 各类商品的销售金额及毛利率的柱形图

第三步：此时毛利率在销售金额的柱形图上看不出来，原因是毛利率和销售金额不在一个数量级上，所以必须使用双坐标轴，使毛利率能够突出显示出来。选中毛利率的图标并右击，在弹出的快捷菜单中选择"设置数据系列格式"命令，如图5-50所示，在"设置数据系列格式"窗格中将毛利率设置为"次坐标轴"。

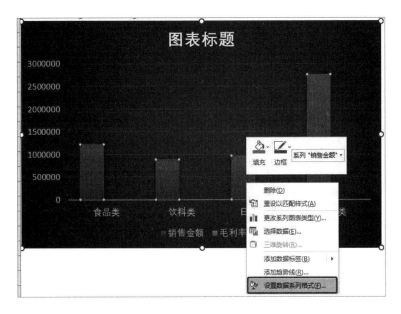

图 5-50　选择"设置数据系列格式"命令

第四步：选择毛利率的柱形图并右击，在弹出的快捷菜单中选择"更改系列图表类型"命令，在弹出的"更改图表类型"对话框中将"毛利率"系列的"图表类型"设置为"折线图"，如图 5-51 所示。

图 5-51　将"毛利率"系列的"图表类型"设置为"折线图"

第五步：美化图表显示效果。设置数据标签格式，修改图表标题，最终效果如图 5-52 所示。

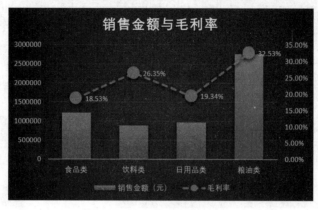

图 5-52　最终效果

5.2.8　散点图与条形图的组合

散点图使用两组数据构成多个坐标点，观察坐标点的分布，可以判断两个变量之间是否存在某种关联或总结坐标点的分布模式。条形图使用宽度相同的条形的高度或长度来表示数据大小。条形图可以横置或纵置，纵置时也被称为柱形图。我们利用某网站的浏览量和成交量的相关数据，制作散点图和条形图，并将两个图进行巧妙的组合。

第一步：整理原始数据，得到某网站的浏览量和成交量，如图 5-53 所示。

	A	B	C	D	E
1	月份	浏览量	成交量	辅助列1	辅助列2
2	1月	21365	156	1	20000
3	2月	41964	156	2	20000
4	3月	47414	190	3	20000
5	4月	49415	248	4	20000
6	5月	51640	322	5	20000
7	6月	52612	620	6	20000
8	7月	56782	719	7	20000
9	8月	57852	873	8	20000
10	9月	79068	835	9	20000
11	10月	60908	990	10	20000
12	11月	91440	679	11	20000
13	12月	94458	785	12	20000

图 5-53　某网站的浏览量和成交量

第二步：选中"浏览量"和"辅助列 1"两列的值，单击"插入"选项卡中"图表"组的"插入散点图（X、Y）或气泡图"按钮，在弹出的下拉列表中选择"散点图"选区中的样式，如图 5-54 所示。

第三步：分别调整横、纵坐标轴的格式。右击纵坐标轴，在弹出的快捷菜单中选择"设置坐标轴格式"命令，在"设置坐标轴格式"窗格的"边界"选区中，将"最小值"设置为 1，"最大值"设置为 12，并勾选"逆序刻度值"复选框。使用相同的方法，将横坐标轴的"最小值"设置为 20000，如图 5-55 所示。

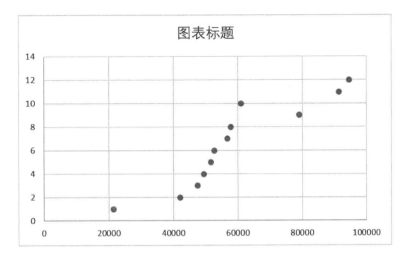

图 5-54　插入散点图

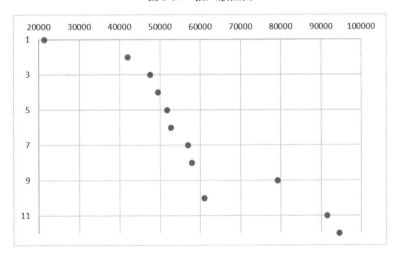

图 5-55　调整横、纵坐标轴的格式

第四步：添加数据系列，将月份的标签添加至图表中。删除散点图的横、纵坐标轴。右击绘图区，在弹出的快捷菜单中选择"选择数据"命令，弹出"选择数据源"对话框，在对话框中单击"添加"按钮，添加新的数据系列，如图 5-56 所示。

图 5-56　添加新的数据系列

第五步：先选择上一步中添加的数据系列散点并右击，在弹出的快捷菜单中选择"添加数据标签"命令。选择数据标签并右击，在弹出的快捷菜单中选择"设置数据标签格式"命令，在"设置数据标签格式"窗格中勾选"单元格中的值"复选框，在弹出的"数据标签区域"对话框中，输入"=$A$2:$A$13"，将单元格中月份的值设置为标签的值。取消勾选"Y值"和"显示引导线"复选框，并将"标签位置"设置为"靠左"，调整绘图区的大小，效果如图 5-57 所示。

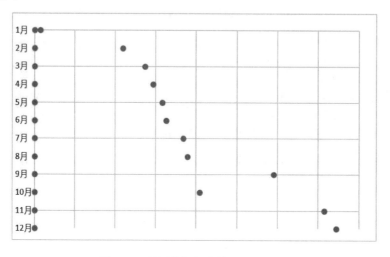

图 5-57　设置数据标签格式后的效果

第六步：设置数据系列格式。选择"辅助列 2"系列的散点并右击，在弹出的快捷菜单中选择"设置数据系列格式"命令，在"设置数据系列格式"窗格中将"填充"设置为"无填充"，"边框"设置为"无线条"，如图 5-58 所示。

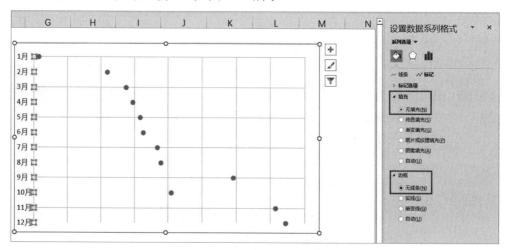

图 5-58　设置数据系列格式

第七步：设置散点格式。选中"浏览量"散点并右击，在弹出的快捷菜单中选择"设置数据系列格式"命令，在"设置数据系列格式"窗格中选中"实线"单选按钮，将"颜色"

设置为蓝色，"宽度"设置为"0.75 磅"，勾选"平滑线"复选框，如图 5-59 所示。选择"标记"选项，将"数据标记选项"设置为"内置"，"类型"设置为圆形，"大小"设置为 6。将"填充"设置为"纯色填充"，"颜色"设置为白色。将"边框"设置为"实线"，"颜色"设置为蓝色，效果如图 5-60 所示

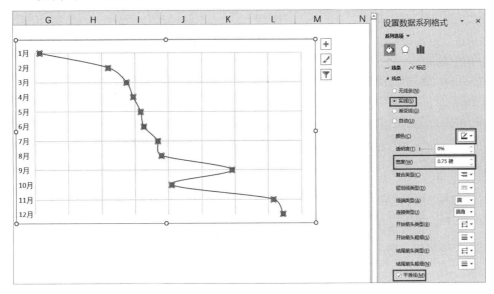

图 5-59　设置散点格式

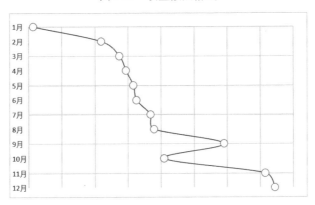

图 5-60　设置散点格式后的效果

第八步：设置网格线格式。选中图中的垂直网格线，按 Delete 键删除。单击"图表工具-设计"选项卡中"图表布局"组的"图表元素"按钮，在弹出的下拉列表中选择"网格线"中的"主轴主要水平网格线"选项和"主轴次要水平网格线"选项。分别选择主要网格线和次要网格线并右击，在弹出的快捷菜单中选择"设置网络线格式"命令，在"设置主要网格线"和"设置次要网格线"窗格中，将主要网格线和次要网格线的"宽度"均设置为 16 磅，"颜色"设置为"蓝色，个性色 1，淡色 80%"，适当调整绘图区的大小，效果如图 5-61 所示。

第九步：添加条形图。选中"月份"列和"成交量"列，插入条形图，对坐标轴、网格线、数据系列格式进行设置，效果如图 5-62 所示。

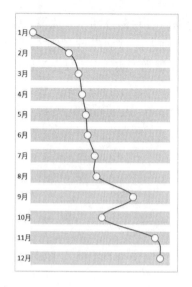

图 5-61　设置网格线格式后的效果

图 5-62　添加条形图

第十步：根据散点图的网格宽度，将条形图系列间隙宽度调整为 70%，并适当调整绘图区的大小，使月份与散点图对应，效果如图 5-63 所示。

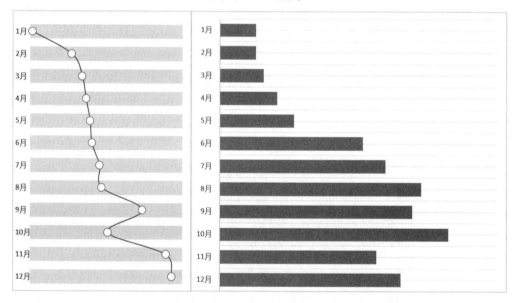

图 5-63　调整条形图

第十一步：设置网格线。单击"图表工具-设计"选项卡中"图表布局"组的"图表元素"按钮，在弹出的下拉列表中选择"网格线"中的"主轴主要水平网格线"选项和"主轴次要水平网格线"选项。选择次要水平网格线并右击，在弹出的快捷菜单中选择"设置网格线格式"命令，在"设置次要网格线格式"窗格中，将"宽度"设置为"14 磅"，"颜色"设置为"蓝色，个性色 1，淡色 80%"。选择主要水平网格线并右击，在弹出的快捷菜单中选择"设置网格线格式"命令，在"设置主要网格线格式"窗格中选中"无线条"单选按钮，如图 5-64 所示。

第十二步：采用之前学习的方法，删除条形图的纵坐标轴和绘图区线条，添加数据标签和图例等，最终效果如图 5-65 所示。

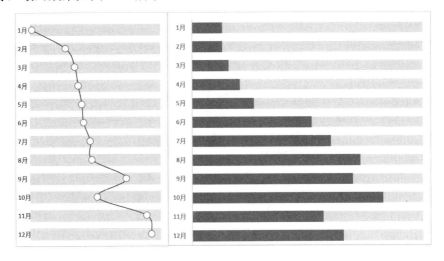

图 5-64　设置网格线

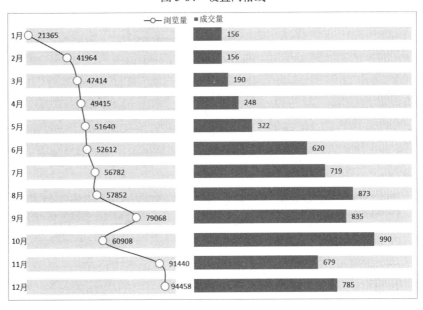

图 5-65　最终效果

5.2.9　动态图

1.数据透视图

在职员工信息表中一共有 500 多条数据，很难看出自己想要的结果。管理层的人员只需要看到部门之间人数的分布，或者性别的分布与对比，不需要了解详细的数据，所以可以使用数据透视图，由操作人员手动实现动态显示部门之间数据分布的效果。

第一步：单击"插入"选项卡中"图表"组的"数据透视图"按钮，如图 5-66 所示。

图 5-66　插入数据透视图

第二步：弹出"创建数据透视图"对话框，如图 5-67 所示。选择数据表中的"性别"列和"部门"列，在"选择放置数据透视图的位置"选区中选中"新工作表"单选按钮。

图 5-67　"创建数据透视图"对话框

第三步：在新的工作表中会出现"数据透视图字段"窗格，将"性别""部门"字段拖曳至"轴（类别）"列表框中，将"性别"字段拖曳至"值"列表框中，单击"值"列表框中"计数项：性别"下拉按钮，在弹出的下拉列表中选择"值字段设置"选项，弹出"值字段设置"对话框，在"选择用于汇总所选字段数据的计算类型"列表框中选择"计数"选项，如图 5-68 和图 5-69 所示。

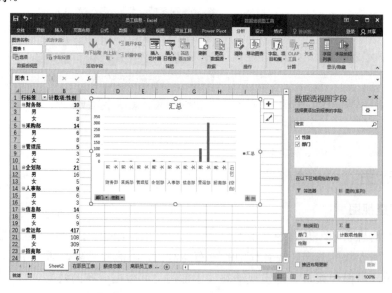

图 5-68　"数据透视图字段"窗格

图 5-69　选择"计数"选项

第四步：创建数据切片器。单击"数据透视图工具-分析"选项卡中"筛选"组的"插入切片器"按钮，如图 5-70 所示，在弹出的"插入切片器"对话框中勾选"性别"和"部门"复选框。

图 5-70　单击"插入切片器"按钮

第五步：调整切片器的格式。选择其中一个切片器并右击，在弹出的快捷菜单中选择"大小和属性"命令，在"格式切片器"窗格中调整切片器的属性。这里需要将数据选项放在一行中，因此将"部门"切片器的"列数"修改为 4，"性别"切片器的"列数"修改为 1，如图 5-71 所示。

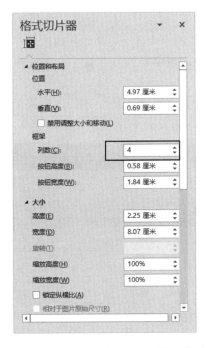

图 5-71　将"部门"切片器的"列数"修改为 4

第六步：完成操作，可以选择不同的部门、不同的性别进行数据对比。例如，将企划部、信息部、招商部的数据进行对比，效果如图 5-72 所示。

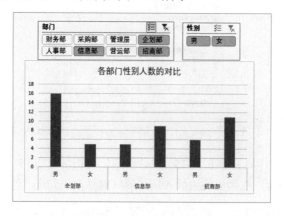

图 5-72　数据对比效果

2. INDEX 函数

INDEX 函数的语法如下：

```
INDEX(reference,row_num,column_num,area_num)
```

（1）reference：对一个或多个单元格区域的引用。如果引用不连续的区域，则必须使用括号括起来。如果引用中的每个区域只包含一行或一列，则相应的参数 row_num 或 column_num 为可选项。例如，引用单行，可以使用函数 INDEX(reference, column_num)。

（2）row_num：引用中某行的行序号，函数从该行返回一个引用。

（3）column_num：引用中某列的列序号，函数从该列返回一个引用。

（4）area_num：选择引用中的一个区域，并返回该区域中 row_num 和 column_num 的交叉区域。选中或输入的第一个区域序号为 1，第二个区域序号为 2，依次类推。如果省略 area_num，则使用区域 1。

第一步：将 2022 年四川分店销售情况表中 data 工作表的数据进行处理，得到如图 5-73 所示的结果。

图 5-73　处理后的数据

第二步：选择 B1:M1 单元格区域并复制，选中 A5 单元格并右击，在弹出的快捷菜单中选择"选择性粘贴"命令，在弹出的"选择性粘贴"对话框中勾选"转置"复选框，将第一行的月份放在第一列中，如图 5-74 所示。

图 5-74　勾选"转置"复选框

第三步：单击"开发工具"选项卡中"控件"组的"插入"按钮，在弹出的下拉列表中选择"表单控件"选区中的"组合框（窗体控件）"选项。选中插入的控件并右击，在弹出的快捷菜单中选择"设置控件格式"命令，弹出"设置控件格式"对话框，在"控制"选项卡中将"数据源区域"设置为 A5:A6 单元格区域，"单元格链接"设置为 B5 单元格，"下拉显示项数"设置为 8，如图 5-75 和图 5-76 所示。

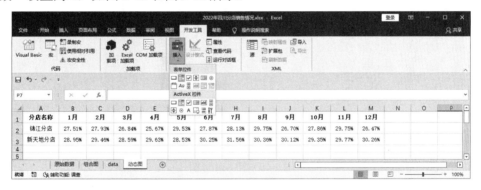

图 5-75　插入"组合框（窗体控件）"控件

图 5-76　"控制"选项卡

第四步：定义名称。单击"公式"选项卡中"定义的名称"组的"名称管理器"按钮，打开"名称管理器"对话框。单击"新建"按钮，弹出"新建名称"对话框，在"名称"文本框中处输入"毛利率"，在"引用位置"文本框中输入公式"=INDEX(动态图!$B$2:$M$3，，动态图!$B$5)"，新建一个名称"表头"，在"引用位置"文本框中输入公式"=INDEX(动态图!$B$1:$M$1，动态图!$B$5)"，如图 5-77 和图 5-78 所示。

图 5-77　毛利率的引用位置　　　　　　　　图 5-78　表头的引用位置

第五步：制作图表。选择 A2:B3 单元格区域，单击"插入"选项卡中"图表"组的"插入柱形图或条形图"按钮，在弹出的下拉列表中选择"二维柱形图"选区中的"簇状柱形图"选项，如图 5-79 所示。

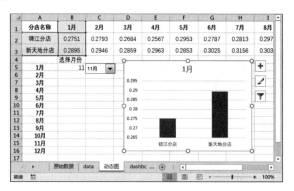

图 5-79　插入柱形图

第六步：右击柱形图，在弹出的快捷菜单中选择"选择数据"命令，在弹出的"选择数据源"对话框中单击"添加"按钮，在弹出的"编辑数据系列"对话框中使用刚才定义的名称，如图 5-80 所示。

第七步：将产生的数据列中不需要的数据的字体颜色设置为白色，删除操作的痕迹，最终效果如图 5-81 所示，此时可以动态地比较两个分店在选择月份的毛利率。

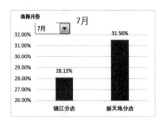

图 5-80　使用定义的名称　　　　　　图 5-81　最终效果

5.3 图表专业化

通过前面的学习，我们得到了数据分析结果，如果想要将数据分析结果更好地展示给观众，就需要对图表进行专业化处理。图表做得专业才有说服力，更容易获得客户的信任和老板的赏识。

专业化图表可以概括为 3 个词：严谨、简约、美观。首先，图表是为了证明一个观点和事实而存在的，专业也就意味着严谨，不允许有一点细微的错误，追求细节的完美；其次，简约就是图简意赅，图表只是为了说明观点，不需要过多的修饰；最后，设计出的图表应该精致美观，令人赏心悦目，让人有看的欲望，给人留下深刻印象。

5.3.1 基本要素

制作专业化图表，首先需要理解图表包含的基本要素，也就是说哪些内容需要在图表中显示出来，哪些内容可以省略。一张图表必须包含完整的元素，才能让观众一目了然。不规范的图表如图 5-82 所示，从这张图表中我们无法知晓图表要表达什么，数字代表什么，蓝色与橙色代表什么，想表达什么意思。

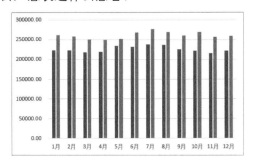

图 5-82　不规范的图表

规范的图表如图 5-83 所示。从图中我们可以很容易地看出这是 2022 年四川两家分店的销售情况对比图，销售金额的单位是元。从图中能够看出锦江分店的销售额每个月均低于新天地分店，6 月、7 月、8 月两店的销售额均有提高，说明 6 月、7 月、8 月是销售的旺季。

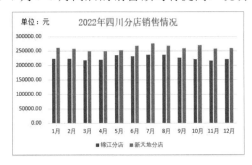

图 5-83　规范的图表

标题、图例、单位、脚注等元素是必需的，如果是商务数据，最好注明数据的来源，这些元素胜过长篇大论的解释，可以让用户更好地理解图表。

在设计图表时需要注意以下几点。

第一，避免生成无意义的图表，如果制作出来的图表看不出任何有价值的信息，这样的图表可以不要。

第二，不要把图表"撑破"，不要在一张图表里放太多信息，最好一张图表反映一个观点，这样才能突出重点，让用户迅速捕捉到核心。

第三，简约够用即可，不要太过复杂。

第四，标题最好使用一句话，让人们通过标题就能知道图表要表达什么，如把标题"公司销售情况"修改为"公司销售额翻了一番"等。

5.3.2　配色技巧

图表中的颜色运用也很重要，非设计专业人士对色彩的运用往往不是很有把握，做出的图表在色彩上可能会花哨或脏乱，难以达到专业的效果。借鉴商业杂志或专业网站上图表的配色不失为一种保险和方便的办法。

下面简单介绍几个配色技巧。

1. 合理利用对比色

在图表内将两组数据或多组数据进行对比时，不宜选用相似的颜色，尽可能选用形成对比的颜色，这样能够从视觉上将数据进行分类，更加清晰地展示内容，利用颜色形成心理暗示，如红蓝、红绿、黄绿、黄紫、黄蓝等对比强烈的颜色，如图 5-84 所示。

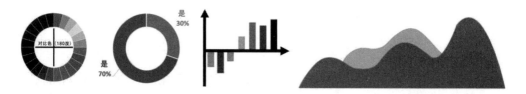

图 5-84　使用对比色的图表

2. 大胆使用渐变色

如果既想使用彩色，又不知道配色理论，可以在一个图表内使用同一颜色，调整其深浅和明暗程度。这种方法的配色难度也不高，是一种很保险的方法，不会出大问题。当然，最深或最亮的颜色要用于最需要突出的序列。

制作流程类、步骤图，或者数据表示等级变化时，适合选用渐变色，只改变颜色的深浅，使用颜色的渐变来表示步骤之间的递进关系，如图 5-85 所示，渐变色能更好地对步骤及流程进行区分。

色彩的深浅可以在"设置数据系列"窗格中，单击"填充"区域中的"颜色"下拉按钮，在弹出的下拉列表中选择"其他颜色"选项，弹出"颜色"对话框，在"自定义"选项卡中拖曳颜色渐变进度条来调整，如图 5-86 所示。

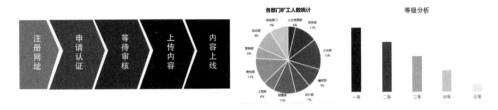

图 5-85　使用渐变色的图表

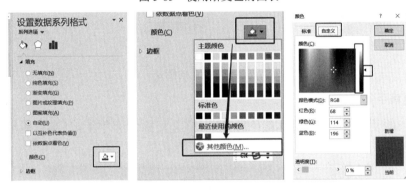

图 5-86　调整色彩的深浅

3. 充分使用相邻色

　　相邻色也被称为邻近色，通常是指色环中 90°范围内的颜色，相邻色之间往往相互融合。例如，朱红与橘黄，朱红以红为主，其中混合少许黄色，橘黄以黄为主，其中混合少许红色，它们在色相上有一定差别，但在视觉上却比较接近。

　　在为图表配色时，使用相邻色能够在视觉上做到区分的同时，体现系列之间的联系，较好地达到既变化又统一的直观视觉效果，如图 5-87 所示。

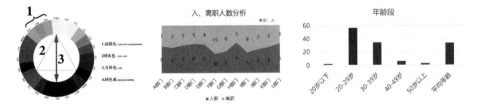

图 5-87　使用相邻色的图表

4. 避免使用高亮色

　　高亮色是指纯度过高的颜色，即在颜色模式中，其中一个通道或两个通道的值为 0。灰度色又被称为高级灰，一般是指纯度和饱和度适中的颜色，除色相外，其余通道也会有相应数值，如图 5-88 所示。图 5-89 左侧为使用高亮色配色的图表，右侧为使用灰度色配色的图表。

　　在设计图表时，如果图表中少部分内容需要突出显示，可以使用高亮色，但是如果大面积使用高亮色，就会在视觉上形成压力，也会显得"土气"。

图 5-88　高亮色和灰度色

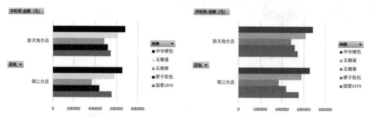

图 5-89　使用高亮色和灰度色的图表

5. 使用扁平化图标

专业图表的设计除了注重整体颜色的搭配，还会根据展示内容及主体，适当加入扁平化的图标，增强图表的视觉性和专业性，如图 5-90 所示。

图 5-90　扁平化图标的应用

6. "橘+绿+红"组合

"橘+绿+红"的颜色组合在视觉给人一种舒适的感觉，如图 5-91 所示，这种颜色组合也经常在数据可视化看板中使用。

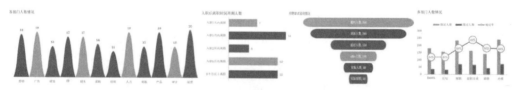

图 5-91　"橘+绿+红"组合

7. "黄+绿"组合

"黄+绿"的颜色组合比较亮丽明快，充满活力，如图 5-92 所示，这种颜色组合也经常在财经杂志上使用。

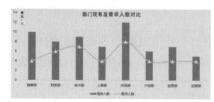
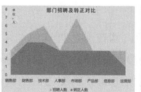

图 5-92　"黄+绿"组合

8. "蓝+紫"组合

"蓝+紫"的颜色组合可以凸显较强的科技感和现代感，也可以搭配渐变色使之变化更加丰富，如图 5-93 所示。

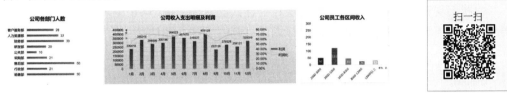

图 5-93　"蓝+紫"组合

9. 黑底图表

黑底图表有着最为强烈的黑白对比，显得比较专业、高贵，黑底图表的特点非常明显，如图 5-94 所示。

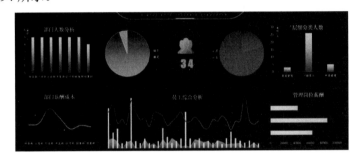

图 5-94　黑底图表

其实最简单的配色可以使用 Excel 自带的模板，也可以自己设计或从网上下载自己满意的模板，进行色彩的搭配。

5.3.3　商务图表设计

商务图表的设计除了考虑商业图表应该包含的内容和图表的配色，还应该考虑整个图表的布局、文字的搭配，以及对图表细节的处理等。

1. 合理布局

不同领域的图表有不同的外观布局风格。在 Excel 中，无论选择哪种图表类型，图表的默认布局都如图 5-95 所示，整个图表区中主要包括标题区、绘图区、图例区 3 部分。

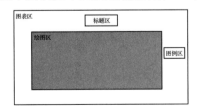

图 5-95　图表的默认布局

但这种布局存在很多不足。例如：标题不够突出，信息量不足；绘图区占据了过大的面积；绘图区的四周浪费了很大的面积，空间利用率不高；图例区在绘图区右侧，在阅读图表时，用户的视线需要左右跳跃，需要长距离检索、翻译。

而我们观察商业图表，很少会发现这种样式的布局。图 5-96 是一个典型商业图表的布局，从上到下可以抽象出 5 部分：主标题区、副标题区、图例区、绘图区、脚注区。

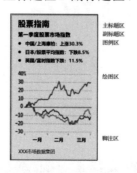

图 5-96　典型商业图表的布局

几乎所有的商业图表都符合这一构图原则，可以说它是商业图表的布局指南，具有图表要素完整、标题区突出、阅读顺序从上到下的特点。

2. 使用简洁醒目的字体

商业图表非常重视字体的选择，因为字体会直接影响图表的专业水准和风格。商业图表多选用无衬线类字体。如图 5-97 所示的人力资源员工入离职登记表，其中使用的是专门订制的字体，风格非常鲜明。

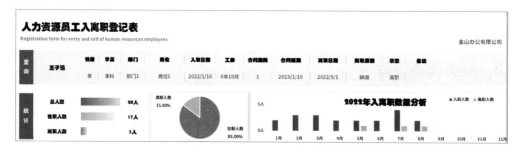

图 5-97　人力资源员工入离职登记表

在使用 Excel 时，新建文档会使用默认的字体，平时很少会想到去修改它。在这种设置下做出的表格、图表，很难呈现出专业的效果。

字体属于设计人员的专业领域，为了简单，图表和表格中的数字建议使用 Arial 字体、8～10 磅大小，中文使用黑体，效果比较好，在其他计算机上显示也不会变形。

3. 注意图表的细节处理

真正体现商业图表专业性的地方是制作者对图表细节的处理，他们对每一个图表元素的处理，几乎达到了完美的程度，好像这不是一份图表，而是一件艺术品。正是这些细致入微的细节处理，才体现出图表的专业性。

制作一个如图 5-98 所示的简单的商业图表，步骤如下。

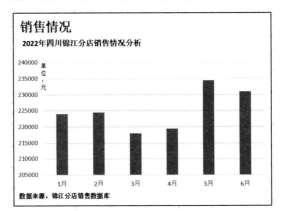

图 5-98　简单的商业图表

第一步：在 Excel 中输入将要制作成图表的数据，如图 5-99 所示。

2022年四川分店销售情况	
锦江分店	
月份	销售金额（元）
1月	223152.25
2月	223534.32
3月	218582.68
4月	219745.35
5月	234764.37
6月	231787.64

图 5-99　将要制作成图表的数据

第二步：选中数据源，单击"插入"选项卡中"图表"组的"插入柱形图或条形图"按钮，在弹出的下拉列表中选择"二维柱形图"选区中的"簇状柱形图"选项，得到默认样式的图表，如图 5-100 所示。

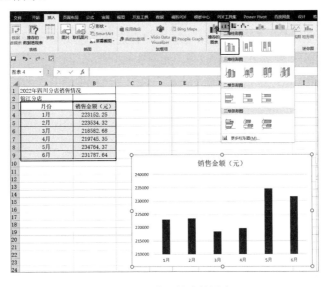

图 5-100　默认样式的图表

第三步：删除图表的标题，如图 5-101 所示。

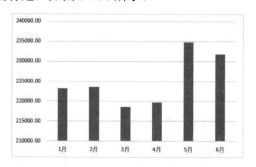

图 5-101 删除标题后的图表

第四步：双击柱形，打开"设置数据系列格式"窗格，将"间隙宽度"设置为 100%，使柱形变粗，彼此靠近，如图 5-102 所示。

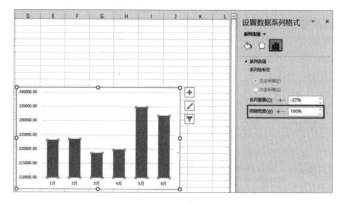

图 5-102 将"间隙宽度"设置为 100%

第五步：在"设置数据系列格式"窗格中选择"填充与线条"选项，在"填充与线条"选项卡的"填充"区域中选中"纯色填充"单选按钮，单击"颜色"下拉按钮，在弹出的下拉列表中选择"其他颜色"选项，弹出"颜色"对话框，在"自定义"选项卡的"红色（R）""绿色（G）""蓝色（B）"文本框中分别输入 0、174、247，如图 5-103 所示。选中整个图表并右击，在弹出的快捷菜单中选择"设置图表区域格式"命令，在"边框"区域中选中"无线条"单选按钮。

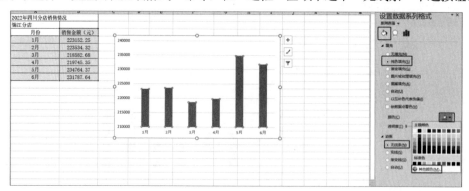

图 5-103 修改柱形的颜色

第六步：选中纵坐标轴并右击，在弹出的快捷菜单中选择"设置坐标轴格式"命令，在"设置坐标轴格式"窗格中，将"边界"选区的"最小值"设置为 210000，"最大值"设置为 240000，在"单位"选区中，将"主要"设置为 5000，"次要"设置为 1000，如图 5-104 所示。

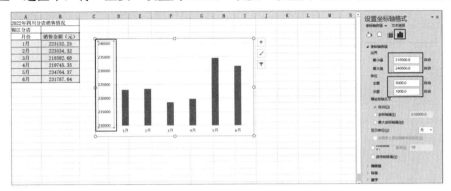

图 5-104　设置纵坐标轴

第七步：调整 C 列的长度，然后在 C2 单元格输入标题，将文字大小设置为 20 磅，字体设置为 Arial，加粗。在 C3 单元格中输入副标题，将文字大小设置为 10 磅，字体设置为 Arial，加粗。效果如图 5-105 所示。

	A	B	C
1	2022年四川分店销售情况		
2	锦江分店		**销售情况**
3	月份	销售金额（元）	**2022年四川锦江分店销售情况分析**
4	1月	223152.25	
5	2月	223534.32	
6	3月	218582.68	
7	4月	219745.35	
8	5月	234764.37	
9	6月	231787.64	

图 5-105　输入标题和副标题后的效果

第八步：选中图表，按住 Alt 键将图表拖曳至 C4:C17 单元格区域，继续按住 Alt 键调整图表的下侧和右侧，使图表正好填充 C4:C17 单元格区域。按住 Alt 键拖曳和放大/缩小实际上是使用了锚定功能，此功能可以快速、精确地使图表与单元格对齐，如图 5-106 所示。

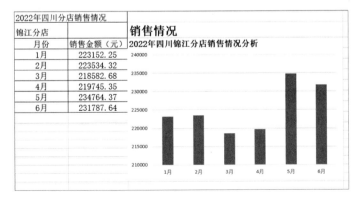

图 5-106　调整位置后的图表

第九步：在 C18 单元格中输入数据来源，将文字大小设置为 8 磅，字体设置为 Arial，加粗。在"视图"选项卡中，取消勾选"网格线"复选框。选中 C2:C18 单元格区域，将边框设置为黑色，如图 5-107 所示。

图 5-107　将边框设置为黑色

第十步：添加竖排文本框，输入"单位：元"，将文本框设置为无填充、无边框，放在合适的位置，完成后的图表如图 5-108 所示。

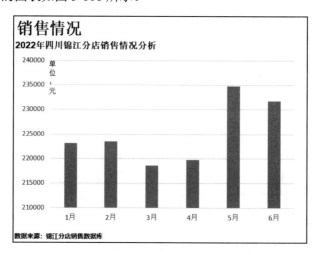

图 5-108　完成后的图表

5.4　拓展运用

在 Excel 2016 中，单击"插入"选项卡中"加载项"组的"应用商店"按钮，可以找到很多与数据分析相关的加载项，如图 5-109 和图 5-110 所示。

图 5-109　"应用商店"按钮

图 5-110　"Office 相关加载项"对话框

　　本书介绍可视化加载项 E2D3。E2D3 的全称为 Excel to D3.js，是 Excel 2016 的一个加载项，可以将数据进行可视化呈现。在 E2D3 中，已经有很多数据可视化模型，而且各个模型都是交互式、动态的，如图 5-111 所示。

　　E2D3 支持的可视化模型较多，使用方式简单，只需要套用模型中的数据格式就可以一键生成。如 E2D3 中的柱形图，当选中柱形图后，单击"Visualize"按钮，就可以查看模型中的数据格式，如图 5-112 所示。按照这个数据格式套用自己的数据，即可生成柱形图。这里套用 2022 年四川分店销售情况中的销售额数据，生成分店的销售额柱形图，如图 5-113 所示。当鼠标指针停留在 E2D3 图表中的图形上时，会显示对应图形的详细信息。

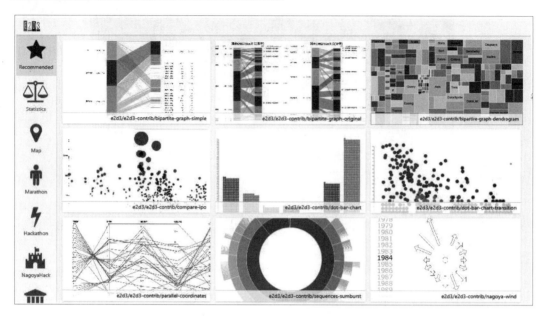

图 5-111　E2D3 数据可视化模型

	A	B	C	D	E	F	G	H
1	year	A	B	C	D	E	F	G
2	2010	403	150	0	144	48	410	803
3	2011	420	299	90	141	80	180	802
4	2012	468	440	97	95	48	42	860
5	2013	585	459	100	99	48	71	702
6	2014	462	634	89	80	44	104	670
7	2015	423	233	81	84	19	361	882

图 5-112　模型中的数据格式

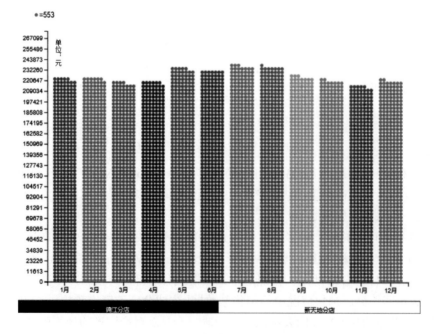

图 5-113　分店的销售额柱形图

习　　题

　　1. 结合本书素材文件中的企业案例数据——供货发货表中的产品类别、区域字段数据，制作产品类别为食品类、各区域的订单数量的折线图。

　　2. 结合本书素材文件中的企业案例数据——供货发货表中的产品类别、区域字段数据，制作区域为华北、各产品类别订单数量的占比的饼图。

　　3. 结合本书素材文件中的企业案例数据——供货发货表中的产品类别、销售额、订单数量字段数据，制作横坐标轴为产品类别、双坐标轴为销售额及订单数量的双坐标轴图。

　　4. 结合本书素材文件中的企业案例数据——供货发货表中的省级字段数据，制作各省级的订单数量的热点地图。

　　5. 结合本书素材文件中的企业案例数据——供货发货表中的产品类别、区域字段数据，制作一个动态图，动态选择不同区域，显示各产品类别的订单数量。

第6章

数据可视化分析报告

学习目标

（1）了解数据分析方法论。
（2）掌握数据分析可视化报告的结构。
（3）能够根据不同背景的原始数据进行案例分析。
（4）培养学生良好的团队协作能力。

知识结构图

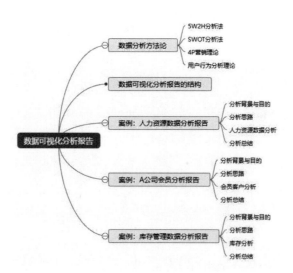

在职场上，我们一般需要将分析结果形成一份可视化分析报告，这份报告应该根据数据分析的目标来呈现可视化的分析结果。通过报告将数据分析的起因、过程、结果全部呈现出来，以供决策者参考。本章将会介绍如何制作数据可视化分析报告。

6.1　数据分析方法论

在进行数据分析之前，我们需要确定数据分析的思路。而数据分析方法论可以为我们提供分析思路，如分析的主要内容是什么、是否需要指标来体现、从哪些方面进行分析、主要考虑的内容有哪些等。通过对本书第 1 章和第 4 章的学习，我们已经了解了一些数据分析方法，而这里的数据分析方法论是具体的指导思想，如统计学的理论及各个专业领域的相关理论等都可以为分析提供思路，都可以称为数据分析方法论。下面介绍几种与营销和管理相关的数据分析方法论。

6.1.1　5W2H 分析法

5W2H 分析法又叫七何分析法，是由 5 个 W 开头的单词和 2 个 H 开头的单词组成的，如图 6-1 所示。

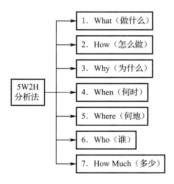

图 6-1　5W2H 分析法

该分析方法广泛用于企业管理各种活动中，有助于企业决策，也有助于弥补考虑问题的疏漏。对数据分析而言，有助于形成分析思路，建立分析框架，排查数据分析中的疏漏情况。

以网站会员用户数据分析为例，使用 5W2H 分析法进行分析，分析思路为以下 7 个步骤。

1．What：做什么

普通用户购买会员服务的目的是什么？会员服务在哪些地方吸引普通用户？如何吸引普通用户购买会员服务？

2．How：怎么做

对会员用户网站访问数据、会员用户流失数据进行分析，得出结论，找到用户需求，提高服务质量。

3．Why：为什么

为什么会员用户会流失？不能吸引会员用户继续购买会员服务的原因是什么？为什么

不能吸引普通用户购买会员服务？

4. When：何时

普通用户是何时转变为会员用户的？会员用户是何时流失的？

5. Where：何地

普通用户是通过哪种营销渠道购买会员服务的？会员用户所在地区分布是怎样的？

6. Who：谁

会员用户有什么特点？普通用户有什么特点？整个网站的客户群体有什么特点？

7. How much：多少

目前会员服务的销量是多少？会员用户购买服务平均每月消费多少？

确定此分析思路后，根据 5W2H 分析法中的问题确定量化指标，形成数据分析报告，为管理层提供决策参考。

6.1.2 SWOT 分析法

在 SWOT 分析法中，S 代表 Strengths（优势），W 代表 Weaknesses（劣势），O 代表 Opportunities（机会），T 代表 Threats（威胁）。其中，优势和劣势、机会和威胁是分析的对立面，如图 6-2 所示。

图 6-2　SWOT 分析法

以连锁超市会员数据分析为例，我们使用 SWOT 分析法进行分析，分析思路如下。

1. Strengths：优势

会员用户增长的趋势如何？普通用户成为会员用户的渠道是否具有多样性？连锁超市分店数量的增长趋势如何？

2. Weaknesses：劣势

最近一个月没有消费记录的会员用户数量是否增加？冻结的会员账户有多少？

3. Opportunities：机会

最近连锁超市官方微博的转发和热议提升了企业的形象，是否对会员用户数量的增长有帮助？

4. Threats：威胁

竞争对手最近举办了什么促销活动？这些促销活动对本超市是否有威胁？

根据以上分析思路，我们可以分析外部条件和内部条件，并从中找出对自身有利的、值得发扬的因素，以及对自身不利的、要避开的因素，发现自身存在的问题，从中得出一系列相应的结论，有利于管理层做出较正确的决策或规划。

6.1.3　4P 营销理论

4P 营销理论是来源于营销的一种分析方法，包含产品、价格、渠道、促销 4 个基本策略，企业为了寻求一定的市场反应，对这 4 个基本策略进行有效的组合，从而满足市场需求，获得最大利润，如图 6-3 所示。

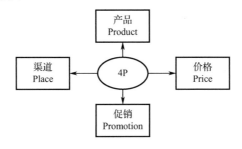

图 6-3　4P 营销理论

对数据分析而言，一般将 4P 营销理论用于产品销售数据分析，构建分析的框架。以某公司产品销售数据分析为例，使用 4P 营销理论进行分析，形成以下分析框架。

1. Product：产品

公司提供什么产品？哪种产品的销售量最高？购买销售量最高的产品的用户群体有什么特征？

2. Price：价格

用户是否能够接受产品的价格？公司产品的销量趋势是什么？公司的销售成本是否在增加？

3. Promotion：促销

促销活动的成本是多少？回报率有多高？在各种渠道投放的广告有多少？转换率是多少？

4. Place：渠道

公司的销售渠道有多少？用户的主要购买渠道是什么？每种消费渠道的成本是多少？

根据以上的分析思路，将其细化为具体的指标，形成一份有关产品销售的数据分析报告。

6.1.4　用户行为分析理论

用户行为分析理论一般针对网站用户，该理论中有很多分析指标，比如访问量、回访次数、跳出率等，主要研究用户在网站上的所有行为，对相关网站用户数据进行分析，发现网站用户的规律，以帮助网站运营者制定网络营销策略。这里以 3 个应用场景为例，对某在线网站用户的行为进行分析。

1. 注册转换场景

浏览网站的用户中有多少比例的用户进入了注册页面？在注册页面有多少比例的用户成功注册？注册成功后有多少比例的用户立即登录？通过这样的分析可以计算出每个环节的流失率。

2. 用户使用场景

网站用户在哪些页面上停留的时间较长？在哪些页面上停留的时间最短？哪些页面是用户最后浏览的页面？

3. 用户留存场景

最近一个月普通用户转换为活跃用户的比例是多少？活跃用户的数量是否下降？

6.2 数据可视化分析报告的结构

数据可视化分析报告根据数据分析方法搭建出分析框架，并将数据分析结果使用可视化的方式展现分析对象的本质、规律或问题，得出一定的结论或提出解决问题的建议。

在职场上，数据可视化分析报告有一般性结构，这种结构根据具体分析的报告可能会有一些变化。数据可视化分析报告的一般性结构由以下 7 部分组成。

1. 标题

标题需要高度概括该分析的主旨，一般要求精简干练，点明可视化分析报告的基本主题或观点，例如《A 公司 2022 年零售数据分析报告》《A 公司客户流失分析报告》《2022 年手游市场数据分析报告》。

2. 目录

在目录中列出报告的主要章节，一般展现二级标题即可。在职场中，如果一份可视化分析报告涉及的内容特别多，那么可以详细列出可视化分析这一部分的各级子目录，方便公司的管理层人员高效查阅，快速了解分析结构。

3. 背景与目的

此部分提供制作数据可视化分析报告的背景和目的。报告的背景一般阐述在什么环境、条件下进行的数据分析，即分析的基础；分析报告的目的阐述为什么要制作这个分析报告，即分析的意义。

以《A 公司 2022 年零售数据分析报告》为例，此部分阐述的背景应该包含当前公司的业绩、当前公司的竞争环境及面临的挑战等。分析的目的是为下一年的运营工作提供参考和指导。

4．分析思路

分析思路即使用数据分析方法论来指导分析是如何进行的，是分析的理论基础。统计学的理论及各个专业领域的相关理论等都可以为分析提供思路。在写作时主要根据分析思路确定分析的内容或相关指标，一般不需要详细地阐述这些思路，只需言简意赅地阐述相关理论，让阅读者对此有所了解即可。

5．可视化展现

此部分是数据可视化分析报告的关键，也是最重要的部分，它将全面地展现分析的结果。此部分需要注意以下几个问题。

（1）客观准确。数据必须是真实有效的，不能为了达到某一目的而编造数据。在用词上也必须客观准确，不能有主观意见，不能使用"大概""可能"等模糊词汇。

（2）篇幅适宜。分析报告并不是写得越多越好。分析报告质量的高低取决于是否能够解决问题，是否能够帮助管理层进行决策，如果不能，报告写得再多也没有意义。

（3）专业化分析。对业务不了解的分析者容易写成看图讲话，比如根据图表讲某某指标的趋势是上升或下降，这种分析没有实际意义，要结合公司业务或专业理论进行分析。

6．分析总结

此部分得出结论，并给出相关建议，是解决问题的关键，一般以综述性文字来阐述，找到分析结果里面的本质或规律。结论要和可视化展现部分的内容统一，与分析的目的呼应。结论必须实事求是，客观实际，不能脱离数据，泛泛而谈，应该结合公司的实际情况提出切实可行的建议。

7．附录

提供正文中涉及的相关数据或资料，并不是必须的。附录的内容有以下两种情况。

（1）当分析报告用到的相关理论比较复杂时，为了保证正文的简洁，以及分析报告的完整性，可以在附录提供更加详细的信息，对了解正文有重要的补充意义。

（2）形成分析报告使用的重要的原始数据。一般原始数据的篇幅都很大，但是为了保证客观及可供查阅，就放在附录里面。

6.3　案例：人力资源数据分析报告

6.3.1　分析背景与目的

A 公司成立于 2019 年，经过这几年的发展，其规模和收入已经处于行业中上水平。随着公司业务的发展，截至 2022 年年底，员工人数已经增加到 507 人。

A 公司人力资源部 2023 年的工作重心是进一步完善管理体制，促进公司规范化管理。现对 2019 年至 2022 年公司人力资源数据进行分析，为 2023 年人力资源管理制度的完善及社会招聘提供数据分析基础。

6.3.2　分析思路

本报告基于 2019 年 2 月由人力资源管理部制定的《A 公司人力资源月报表》，对公司总部及下属连锁店的人力资源数据进行数据汇总，主要数据包括员工基本情况、员工异动及薪资情况，通过以上 3 个方面的数据对公司总体人力资源状况进行分析。

6.3.3　人力资源数据分析

1．基础人事分析

1）基础人事分析——员工人数和员工增长率

2019 年至 2022 年，随着公司业务规模的增长，员工人数从最初的 107 人增加至 507 人，公司员工规模扩大近 4 倍，总体呈增长趋势，但是增长率逐渐下降，如图 6-4 所示。

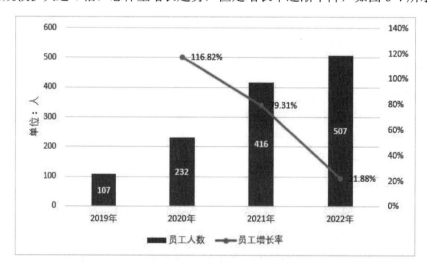

图 6-4　员工人数和员工增长率

2020 年，由于公司业务量快速增长，员工人数较 2019 年增长了 116.82%，导致经营成本的急剧增加。为配合公司降低经营成本，人力资源部从 2021 年开始放慢员工人数增长速度，逐步探索员工岗位的合理结构。

2）基础人事分析——新进员工分析

2022 年，人力资源部根据公司业务需求严格把控招聘员工人数，共招聘 91 人。根据公司营运部的需求，90%的员工入职的部门为营运部，缓解了营运部的用人压力，如图 6-5 所示。

扫一扫

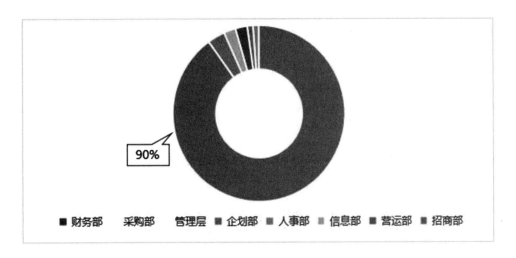

财务部　采购部　管理层　企划部　人事部　信息部　营运部　招商部

图 6-5　2022 年新员工入职部门分布

营运部一直是用人需求量最大的部门，2019 年至 2022 年营运部新员工人数如图 6-6 所示。2022 年，为了降低公司的经营成本，人力资源部对营运部的工作流程和组织结构进行了优化，重新定岗，严格把控社会招聘，2022 年营运部招聘人数较 2021 年下降 47.44%，有效控制了人工成本。在未来，营运部依旧是人力资源管理的重点，需要继续有效开展人力资源规划、深入进行职位分析。

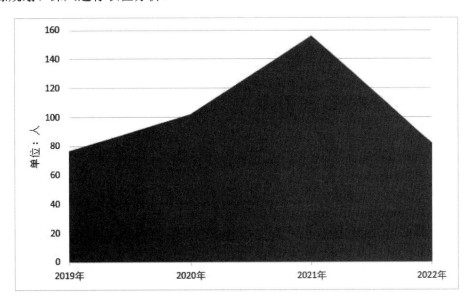

图 6-6　2019 年至 2022 年营运部新员工人数

3）基础人事分析——人力资源流动分析

从 2019 年至 2022 年，公司离职总人数为 53 人，每年的离职率均在 7%以下，如图 6-7 所示，低于零售行业平均离职率 12.2%，公司的人力资源相对稳定。

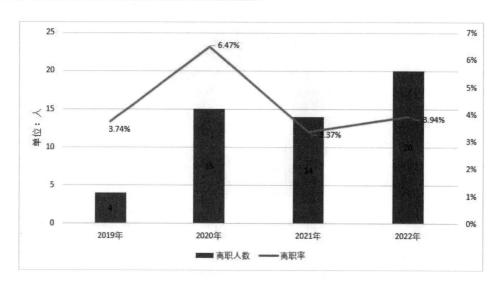

图 6-7　2019 年至 2022 年离职人数及离职率

针对 2020 年公司非自愿性的员工离职率明显升高的问题，人力资源部于 2021 年重新明确了员工管理的相关制度，并加强了员工培训，降低了非自愿性的员工离职率，以降低员工流动性，从而降低公司的经营风险，如图 6-8 所示。今后，人力资源部将继续强化部门内部管理，完善员工管理制度，促进员工成长，进一步降低非自愿性的员工离职率。

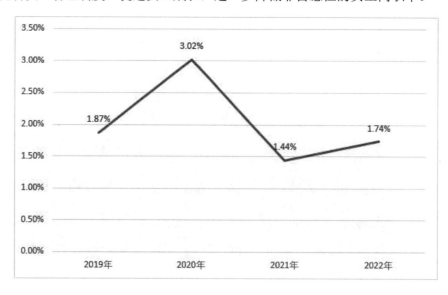

图 6-8　2019 年至 2022 年非自愿性的员工离职率

2. 人力资源结构分析

1）人力资源结构分析——员工部门分布

关于各部门员工的数量与业务量的具体配比关系，本公司所在的零售业尚无统一标准，但根据行业习惯，员工配置基本上以零售店数量及规模为参考。根据目前本公司的零售店数

144

量及规模，目前公司员工的配备数量基本合理。营运部是零售分店的重要人力资源支撑，员工数量占员工总人数的 82%，如图 6-9 所示。

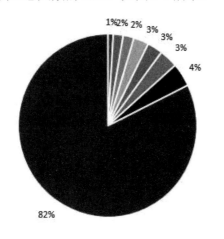

图 6-9 员工部门分布

2）人力资源结构分析——员工职务类别分布

本公司的职务可以分为一般员工、中层管理人员、高层管理人员 3 种，员工职务类别分布如图 6-10 所示。从管理幅度（管理岗位人数与其他岗位人数的比例）上看，本公司的管理幅度为 1:3.4。科学的管理幅度一般为 1:5～1:7。与科学的管理幅度相比，本公司的管理幅度过窄，但根据公司零售分店的分布状况，导致每个分店都需要配备中层管理人员，因此中层管理岗位人员较多。在人力资源部的后续工作中，还需进一步优化组织结构，增大管理幅度。

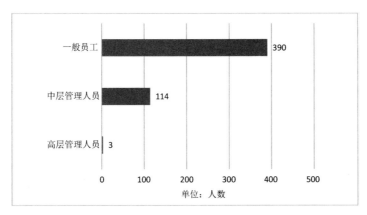

图 6-10 员工职务类别分布

3）人力资源结构分析——员工学历分布

本公司具有大专及以上学历的员工人数占公司员工总人数的 92.11%，其中，具备本科学历的员工人数占公司员工总人数的 46.55%，如图 6-11 所示。

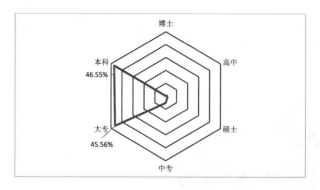

图 6-11　员工学历分布

管理层的员工具有本科及以上学历的人数占管理层员工总人数的 58.97%，一般员工中具有本科及以上学历的人数占一般员工总人数的 42.82%，如图 6-12 所示。从整体上来讲，本公司具备了一支较高学历的员工队伍。

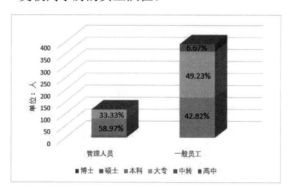

图 6-12　管理层人员和一般员工学历分布

4）人力资源结构分析——员工年龄分布

本公司在 20～29 岁年龄阶段的员工人数占公司员工总人数的 55.62%，30～39 岁年龄阶段的员工人数占公司员工总人数的 36.49%。由于营运部的业务对员工年龄有要求，所以目前阶段所有营运部员工的年龄都在 20～39 岁之间，如图 6-13 所示。从整体上来讲，整个员工队伍正处于年富力强的阶段，有利于公司快速成长。

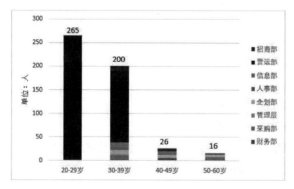

图 6-13　员工年龄分布

3. 薪酬分析

1）薪酬分析——工资总额

2019 年本公司员工人数为 107 人，年工资总额为 3 405 720.12 元。2022 年公司员工人数为 507 人，较 2019 年增长近 4 倍。工资总额为 21 918 096.72 元，较 2019 年增长超过 5 倍，员工年收入总体提高，如图 6-14 所示。

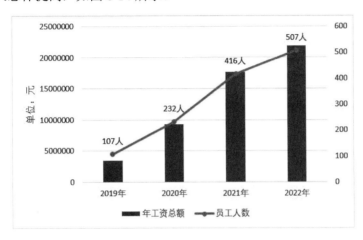

图 6-14　2019 年至 2022 年员工人数和工资总额

2）薪酬分析——员工月平均工资

本公司从 2019 年至 2022 年，员工月平均工资呈增长趋势，如图 6-15 所示。据××咨询公司调查报告，2022 年本省零售行业员工的月平均工资为 3563.85 元，本公司员工的月平均工资略高于同行业员工月平均工资。

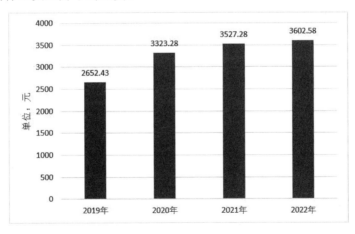

图 6-15　员工月平均工资

3）薪酬分析——员工年工资增长率

2019 年至 2022 年，本公司员工年工资总体呈增长趋势，2021 年由于经营成本的压力，年工资增长率开始呈下降趋势，如图 6-16 所示。

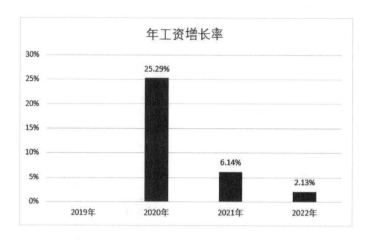

图 6-16　员工年工资增长率

6.3.4　分析总结

总体上讲，本公司目前的人力资源结构基本合理，主要问题集中在岗位结构上，管理幅度较窄，管理人员相对过多，并且需要进一步提高员工的工作效率，优化工作流程，减轻经营成本压力。

2023 年，公司人力资源部在进一步做好基础性工作的同时，需要加强定岗定员、培训与开发、人力资源管理制度建设，以及优化员工结构，降低用人成本，不断开拓人力资源视野，把握人力资源新动态。

6.4　案例：A 公司会员分析报告

6.4.1　分析背景与目的

从 2020 年本公司下属零售店采用会员入会制度以来，经过 3 年多的发展，公司的普通会员已经达到 12 863 人，VIP 会员已经达到 8988 人，销售业绩在零售行业中令人瞩目。但是随着公司规模的扩大，业务量的增加，公司也面临着营业成本增加、竞争不断加剧的挑战。

根据二八法则，企业 80% 的利润来源于 20% 的客户，所以对企业而言，对会员进行分析，了解会员群体的特点，可以为公司制定会员营销策略提供指导和参考，从而提高公司的营销效率和盈利水平。

6.4.2　分析思路

本报告依据企划部制定的《2020 版 A 公司会员入会规则》和《2022 版 A 公司会员入会规则》，对公司所有连锁店的普通会员和 VIP 会员信息进行数据汇总，主要数据包括所有会员的基本情况、消费次数及消费金额，通过这些数据探索普通会员和 VIP 会员的特征。

6.4.3　会员客户分析

1. 会员客户群体基本信息

1）会员客户群体基本信息——会员数量

2020 年至 2022 年，VIP 会员与普通会员均呈增长趋势，2020 年由于受到经营压力的影响，企划部提高了升级 VIP 会员的要求，VIP 会员增长趋势放缓，如图 6-17 所示。

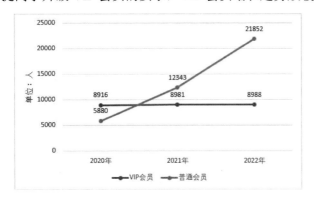

图 6-17　2020 年至 2022 年会员数量

2）会员客户群体基本信息——性别分布

会员群体中男女性别比例为 1:3.35，VIP 会员群体中男性占比比普通会员群体中男性占比高 2 个百分点，如图 6-18 所示。

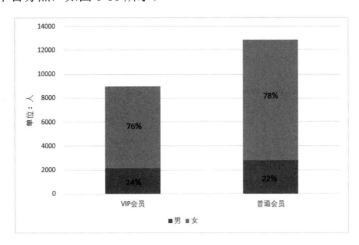

图 6-18　会员性别分布

总体来讲，整个会员客户群体中女性占比为 77%，远高于男性，在进行营销策划时，应继续主要考虑女性会员的需求，并增加吸引男性会员的相关策略。

3）会员客户群体基本信息——年龄分布

VIP 会员与普通会员年龄段分布基本一致，由于 80 岁以上人群整体少于其他年龄段人群，所以除了 80 岁以上年龄段会员，其他各个年龄段会员的分布基本均衡，如图 6-19 所示。

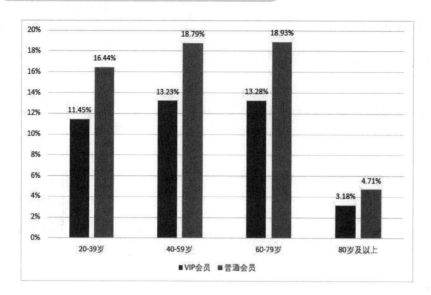

图 6-19　VIP 会员与普通会员年龄分布比率

4）会员客户群体基本信息——婚姻状况

在会员群体中，VIP 会员中的已婚人士多于普通会员，VIP 会员中的离异人士及未婚人士均少于普通会员，如图 6-20 所示。依据本公司普通会员消费积分累积到一定程度可升级 VIP 会员的这一规则，可以反映出已婚客户的购买力度大于单身或离异的客户。

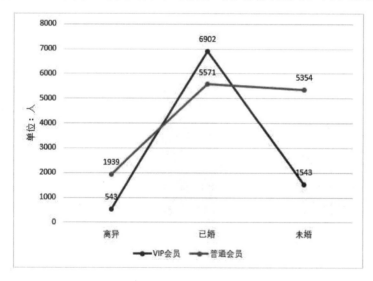

图 6-20　会员婚姻状况分布

5）会员客户群体基本信息——会员入会渠道

在会员入会渠道中，通过 DM 加入会员的人数最多，占 40%，自愿加入会员的人数占 30%，而通过广告和信用卡方式加入会员的人数分别占 20% 和 10%，如图 6-21 所示。广告和信用卡入会渠道的效应需要加强。

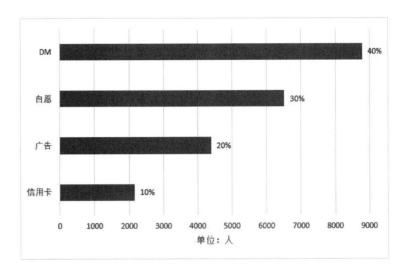

图 6-21　会员入会渠道

2. 会员客户群体消费价值分析

1）会员客户群体消费价值——平均购买金额对比

VIP 会员的平均购买金额为 2082.22 元，比普通会员的平均购买金额高 19%，如图 6-22 所示。说明 VIP 会员的购买力大于普通会员。

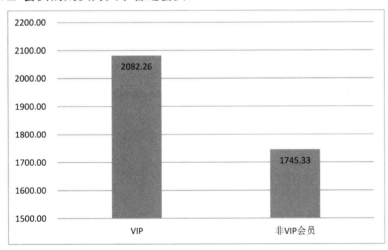

图 6-22　平均购买金额对比

2）会员客户群体消费价值——VIP 会员转换率

2020 年至 2022 年，VIP 会员转换率如图 6-23 所示，2021 年 VIP 会员转换率达到近 3 年最高。《2020 版 A 公司会员入会规则》中规定：普通会员消费积分达到 8000 分，可以申请成为 VIP 会员，并享受所有商品 9.8 折的优惠。在 2021 年，有很大一部分普通会员的消费积分达到了 8000 积分，所以转换率升为 65.72%。2022 年，迫于经营成本的压力，企划部制定了《2022 版 A 公司会员入会规则》，VIP 会员的申请资格提高为消费积分达到 16 000 分，所以在 2022 年，VIP 会员转换率下降到 50.06%。

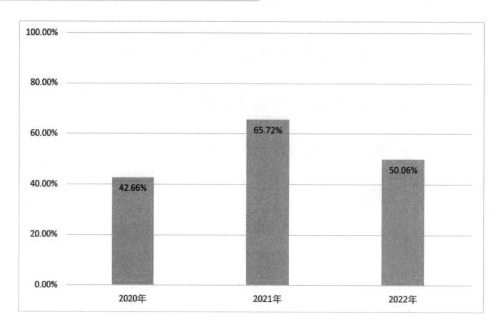

图 6-23　VIP 会员转换率

3）会员客户群体消费价值——不同年龄段 VIP 会员的购买力

不同年龄段 VIP 会员的购买力如图 6-24 所示。在 20～39 岁年龄段的 VIP 会员购买力最强，40～59 岁和 60～79 岁年龄段的 VIP 会员购买力逐渐下降。按照会员入会规则，16 岁及以上的客户才能加入会员，所以 0～20 岁年龄段的 VIP 会员人数最少，购买力最低。

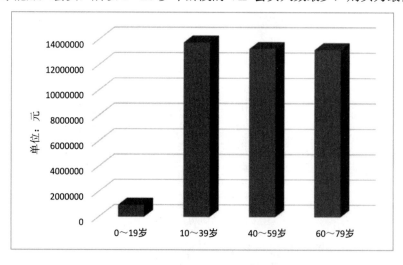

图 6-24　不同年龄段 VIP 会员的购买力

4）会员客户群体消费价值——VIP 会员不同职业的购买力

VIP 会员中购买力排名前三的职业依次为服务工作人员、技术性人员、行政及主管人员，如图 6-25 所示。

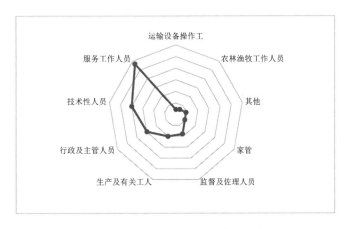

图 6-25　VIP 会员不同职业的购买力

6.4.4　分析总结

由于 VIP 会员的折扣规则，在 2022 年公司迫于经营压力，已经放缓了 VIP 会员的增长速度，但是通过以上分析可以看到，VIP 会员的购买力是大于普通会员的。今后在制定会员规则及营销策划时，如何有效地增加会员数量，进而更好地锁定消费群体，是需要特别关注的。根据此报告中会员群体的特征来制定相应的策略，有助于提高入会渠道的有效性及会员的购买力。

6.5　案例：库存管理数据分析报告

6.5.1　分析背景与目的

由于零售业的特点，本公司需要保持快速响应市场的能力，做到合理的库存管理。科学合理的库存管理不仅可以降低公司的库存量，还可以降低公司的综合成本。

本报告综合分析公司第一季度库存情况数据，为供应部的采购工作及库存管理工作提供相关信息及决策依据。

6.5.2　分析思路

本报告基于 2022 年第一季度由采购部提供的《2022 年第一季度库存明细变化表》，综合财务部提供的销售数据，对公司第一季度库存相关信息进行数据汇总，通过这些数据进行基础库存和库存结构分析，用到的计算公式如下：

$$存货平均余额 = \frac{周期初余额 + 周期末余额}{2}$$

$$存货周转次数=\frac{销售成本}{存货平均余额}$$

$$存货周转天数=\frac{存货周期天数}{存货周转次数}$$

$$销售占库存比（价值指标）=\frac{本月销售金额}{期末存货金额+本月销售金额}\times100\%$$

$$库存系数=\frac{本月销售金额}{期末存货金额}$$

6.5.3 库存分析

1．基础库存分析

1）基础库存分析——库存平均余额

2022年第一季度总体库存平均余额为923.52万元，如图6-26所示，环比下降2.34%，同比下降4.23%。第一季度计划库存平均余额目标为1000万元，第一季度库存平均余额达到预期目标。

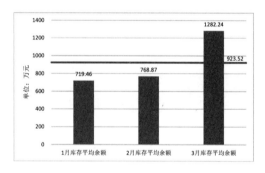

图6-26 2022年1—3月库存平均余额

2）基础库存分析——周转次数

2022年第一季度平均库存周转次数为3.27次，如图6-27所示。第一季度计划平均库存周转次数为3次，第一季度平均库存周转次数达到预期目标。

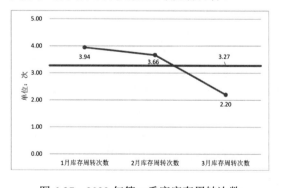

图6-27 2022年第一季度库存周转次数

3）基础库存分析——周转天数

2022年第一季度平均库存周转天数为10天，如图6-28所示。第一季度计划平均库存周转天数为10天，第一季度平均库存周转天数达到预期目标。

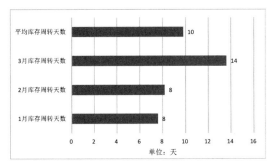

图6-28　2022年第一季度库存周转天数

2. 库存结构分析

1）库存结构分析——销售占库存比

第一季度中单月销售占库存比在不断下降，单月库存系数均在安全库存系数范围1.2～1.5之间，如图6-29所示。

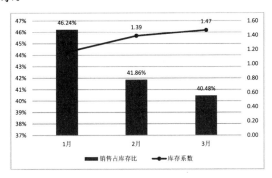

图6-29　2022年第一季度销售占库存比

2）库存结构分析——各品牌分库存金额的比例

目前，露得清品牌占库存金额的89%，占据了最大比例的库存金额，强生婴儿品牌占据了最小的库存金额比例，如图6-30所示。

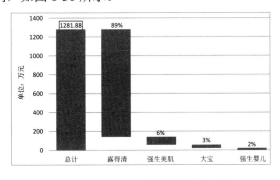

图6-30　各品牌占库存金额的比例

6.5.4 分析总结

2022 年第一季度库存平均余额、平均库存周转次数、平均库存周转天数均达到第一季度预期目标。从单月指标来看，1 月和 2 月均达到第一季度预期目标，但 3 月未达到第一季度预期目标。

虽然第一季度库存系数均在安全库存系数范围内，但是销售占库存比在下降，并且露得清品牌占据了 89%的库存金额，这两点需要采购部和销售部门持续关注，及时改进。

1．结合自己的专业，从专业角度谈谈还有什么理论可以作为数据分析方法论。

2．结合本书素材文件中的企业案例数据——2022 年考勤数据，从人力资源管理角度形成相应的数据可视化分析报告。

3．结合本书素材文件中的企业案例数据——2022 年四川分店销售情况，形成相应的数据可视化分析报告。

4．结合本书素材文件中的企业案例数据——××分店销售明细表和供货发货表，形成相应的数据可视化分析报告。

5．结合本书素材文件中的企业案例数据——供货发货表，形成相应的数据可视化分析报告。

第7章

商业智能仪表板

学习目标

（1）了解商业智能仪表板。

（2）学会使用 Excel 制作商业智能仪表板。

（3）熟悉使用 Tableau 制作商业智能仪表板的步骤。

（4）培养学生实践探索的能力。

知识结构图

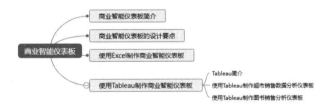

BI（Business Intelligence）即商务智能，它是一套完整的解决方案，将企业中现有的数据进行有效的整合，快速、准确地提供报表并提出决策依据，帮助企业做出明智的业务经营决策。BI 中一般都拥有实现数据可视化的模块，即商业智能仪表板。本章将介绍商业智能仪表板及其制作。

7.1 商业智能仪表板简介

商业智能仪表板是 Business Intelligence Dashboard 的简称，有时也叫作管理驾驶舱。它是一般商务智能都拥有的实现数据可视化的模块，是向企业展示度量信息和关键业务指标

（KPI）现状的数据虚拟化工具。商业智能仪表板可以将复杂的数据可视化，一般组合使用多种图表，如折线图、柱形图、温度计图、散点图等，是定制化的交互式界面，如图 7-1 所示。

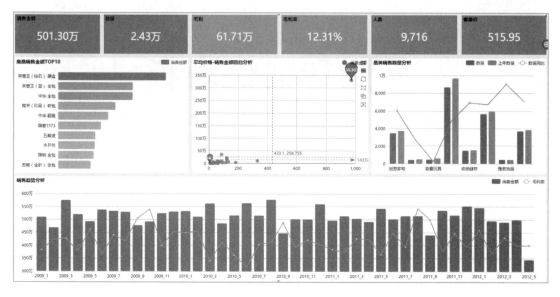

图 7-1   商业智能仪表板——商品销售分析仪表板

近年来，商业智能仪表板已经成为标准商务智能工具的一部分，市场上有很多商务智能工具可以制作商业智能仪表板。兼具可视性和交互性的商业智能仪表板能够让公司管理层在极短的时间内获得相关业务信息。在市场上，主要的制作商业智能仪表板的工具有 Oracle 公司出品的 BIEE、SAP 公司出品的 Crystal Dashboard、微软公司出品的 PowerBI、Tableau 公司出品的 Tableau。国内比较著名的有帆软公司出品的 FineBI。这些商业工具一般为收费软件，并且有一些限制，而我们在日常办公时使用的 Excel 也可以制作商业智能仪表板。

接下来将介绍商业智能仪表板的制作，分别使用 Excel 2016 和专业商务智能工具 Tableau 来实现。

7.2   商业智能仪表板的设计要点

虽然商业智能仪表板是各种图表的组合，但是如果仅仅将各种图表堆放在一起，并不会起到商业智能仪表板的作用，这种图表的堆放没有一定的业务逻辑，让使用者无法迅速了解到相关业务数据。所以优秀的商业智能仪表板应该有明确的制作目标，并且有一定的业务知识背景。在设计商业智能仪表板时，我们需要注意以下 3 个方面。

（1）制作目标。所谓制作目标，就是要确定需求，这个商业仪表板的使用者是谁？他需要了解什么？需要用什么业务指标来体现？

（2）图表展现方式。业务指标数据以什么形式来展现？这种展现方式必须非常直观。

（3）布局。在商业智能仪表板中，图表的布局是怎样的？如何使布局美观且合理？如何让使用者迅速找到关键信息？

根据以上 3 个方面，先形成布局草图，如图 7-2 所示，再根据布局草图制作商业智能仪表板。

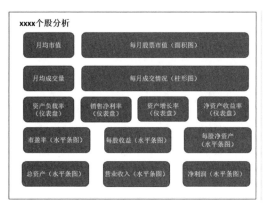

图 7-2　布局草图（1）

7.3　使用 Excel 制作商业智能仪表板

首先根据制作目标来确定业务指标，并预先想好用什么图表形式来展现。例如，四川销售区域的管理层需要快速了解 2022 年四川分店与销售相关的业务数据，根据财务部提供的数据报表，可以得到四川分店的销售金额、销售毛利率、各类商品的销量、单品销量，并根据这些数据的特点，设计布局草图，如图 7-3 所示。

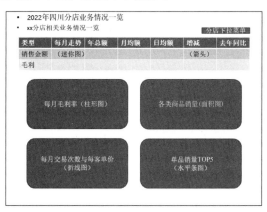

图 7-3　布局草图（2）

然后根据目标处理原始数据。一般来讲，原始数据是直接从数据库中提取或从相关部门获取的，并没有经过处理，所以需要对数据进行局部或整体的处理后，才能进行图表制作。在 Excel 中，这一步采用动态图表，所以在处理数据时需要利用 INDEX 函数进行动态图表源数据定位。关于动态图表的制作方法请参考本书第 5 章。比如，针对刚才四川分店业务情况案例，最终得到数据表，此表可以根据用户选择的分店显示对应的信息，信息包含所有制作图表用到的数据，如每月的销售金额、毛利、毛利率、交易笔数、每客单价、单品销量 TOP5等，如图 7-4 所示。

分店名称	类型	辅助列	1月	2月	3月	4月	5月	6月	7月	8月	9月	10月	11月	12月
锦江分店	销售金额	锦江分店销售金额	223152.25	223534.32	218582.68	219745.35	234764.37	231787.64	237432.75	236540.75	225887.85	221639.75	215497.63	221697.57
锦江分店	毛利	锦江分店毛利	61389.18	62433.14	58667.59	56408.63	69325.92	64599.22	66789.83	70370.87	60312.06	61748.83	64110.54	58683.35
锦江分店	毛利率	锦江分店毛利率	27.51%	27.93%	26.84%	25.67%	29.53%	27.87%	28.13%	29.75%	26.70%	27.86%	29.75%	26.47%
锦江分店	交易笔数（笔）	锦江分店交易笔数（笔）	6735	6258	7124	7036	6934	6826	7186	7369	6936	7136	7026	6915
锦江分店	每客单价（元）	锦江分店每客单价（元）	33.13	35.72	30.68	31.23	33.86	33.96	33.04	32.10	32.57	31.06	30.67	32.06

图 7-4　2022 年四川分店销售情况（部分）

接下来，需要在 Excel 中进行商业智能仪表板布局，布局主要通过调整 Excel 单元格的行高和列宽，并在需要的时候合并单元格来完成，如图 7-5 所示。

2022年四川分店业务情况一览

锦江分店相关业务情况一览　　　　　　　　　　　　　　　锦江分店　▼

类型	每月走势	年总额（万元）	月均额(万元)	日均额(元)	增减	去年同比

每月毛利率　　　　　　　　　　各类商品销量

每月交易次数与每客单价　　　　　　　单品销量TOP5

图 7-5　商业智能仪表板布局

最后，使用处理后的数据制作图表，调整图表的大小并整合到仪表板中，统一进行美化，如统一调色、统一背景等，如图 7-6 所示。

扫一扫

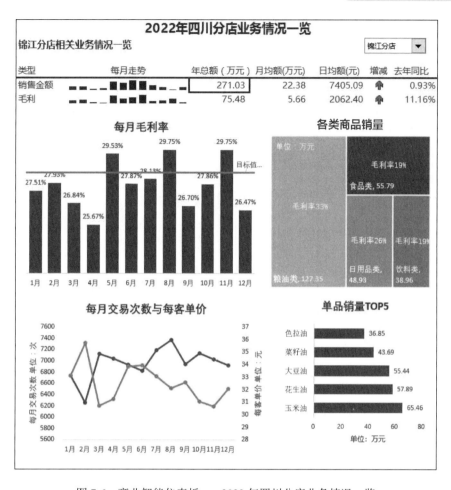

图 7-6　商业智能仪表板——2022 年四川分店业务情况一览

7.4　使用 Tableau 制作商业智能仪表板

7.4.1　Tableau 简介

Tableau 是美国 Tableau 公司出品的一款专业的商务智能软件，能够满足企业的数据分析需求。在使用上，Tableau 方便、快捷且功能强大，使用 Tableau 简便的拖放式界面，可以自定义视图、布局、形状、颜色等，快速展现各种不同数据视角。

与 Excel 相比，Tableau 是专业的商务智能工具，它的操作简便，并且可以连接各种类型的数据源，迅速对海量数据进行处理。

Tableau 一共有 3 个版本，分别为 Tableau Desktop、Tableau Server、Tableau Online。Tableau Desktop 是 Tableau 商务智能套件当中的桌面端分析工具，即数据分析及可视化展现的工具。Tableau Server 是 Tableau 的本地服务器，通过它可以展开协作并共享仪表板。Tableau Online

是 Tableau Server 的托管版本，无须安装即可共享仪表板。

制作仪表板需要使用的是 Tableau Desktop，它具有入门简单、上手快速的特点。本书使用的是 Tableau Desktop 10.5 版本，其工作界面及各个功能区如图 7-7 所示。

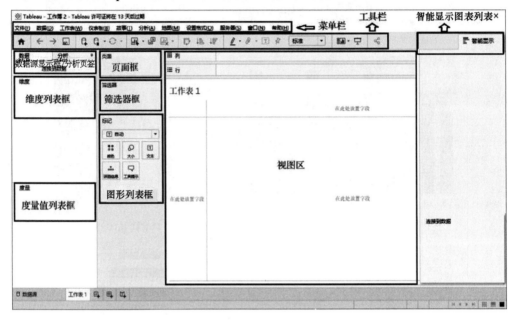

图 7-7　Tableau Desktop 10.5 版本的工作界面及各个功能区

Tableau Desktop 的工作界面各个功能区介绍如下。

1. 菜单栏

在菜单栏中主要有"文件""数据""工作表""仪表板""故事""分析""地图""设置格式""服务器""窗口""帮助" 11 个菜单。

"文件"菜单中的命令有新建、保存、导出、导入文件等。

"数据"菜单的主要功能是管理数据源，比如替换数据源、重新编辑数据源数据的关系等。

"工作表"菜单中是对当前工作表进行相关操作的命令，如复制、导出、清除、显示标题区、显示视图工具栏等。

"仪表板"菜单中是对仪表板进行相关操作的命令，如新建仪表板、设置仪表板的格式布局、导出仪表板图像等。

"故事"菜单是 Tableau 8.2 版本之后新增的菜单，是一种演示工具，可以按照顺序排列视图或仪表板。选择"故事"→"新建故事"命令，可以排列当前已有的视图或仪表板。

"分析"菜单中主要是对视图中的数据进行相关操作的命令，例如，"百分比"命令可以指定某个字段计算百分数的范围，"合计"命令可以根据行或列进行数据汇总操作，"趋势线"命令可以为当前视图自动添加一条趋势线，"编辑计算字段"命令可以使用公式创建新的计算字段。

"地图"菜单主要包含与制作地图相关的命令，例如，选择联机地图还是脱机地图，导入自定义的地理编码等。

"设置格式"菜单主要用来对工作表的格式进行相关设置，如字体、对齐、阴影等。

"服务器"菜单主要用来连接 Tableau Server 使用的功能。

"窗口"菜单主要用来设置整个窗口视图。例如，选择"演示模式"命令后，只会显示视图和相关图例及筛选器。

"帮助"菜单主要是 Tableau 的官方帮助文档。

2. 工具栏

工具栏中的各种图标是 Tableau Desktop 的快捷键，如图 7-8 所示，从左到右介绍它们的功能。

图 7-8　工具栏

（1）显示起始页：单击此按钮可以来回切换 Tableau Desktop 的起始页和主界面。

（2）撤销：撤销当前动作。

（3）重做：重做撤销的动作。

（4）保存：保存当前工作进度。

（5）新建数据源：连接新的数据源。

（6）暂停数据更新：当连接数据源选项选择实时连接时，单击此按钮可以停止更新数据。

（7）运行更新：更新数据源的数据。

（8）新建工作表：单击右侧的下拉按钮，可以新建工作表、新建仪表板、新建故事。

（9）复制：复制当前的工作表、仪表板或故事。

（10）清除工作表：清除当前工作表。

（11）交换行和列：交换视图区中数据的行和列。

（12）升序排列：将视图区中的数据按照升序排列。

（13）降序排列：将视图区中的数据按照降序排列。

（14）突出显示：将视图区中的字段突出显示。

（15）组成员：将视图区中的字段形成组。

（16）显示标记标签：显示或隐藏标记标签。

（17）固定：固定视图。

（18）视图模式菜单：单击下拉按钮，根据选项可以改变视图模式。共有标准模式、适应宽度模式、适应高度模式、整个视图 4 种模式。

（19）显示/隐藏卡：显示或隐藏工作界面的各个功能区。

（20）演示模式：将视图区全屏显示，隐藏其他部分。

（21）与他人共享：通过 Tableau Server 或 Tableau Online 进行共享。

3. 数据源显示框/分析页签

数据源显示框显示所有已经连接的数据源。分析页签中有汇总和模型，可以辅助用户在视图中添加平均线、趋势线等。

4. 维度列表框/度量值列表框

Tableau Desktop 根据数据源的数据集，自动划分维度和度量值。

5. 页面框

在制作视图时，如果将某个数据字段拖曳至此，就会出现播放菜单，通过播放菜单，可以动态地显示该字段数据随时间的变化。

6. 筛选器框

在制作视图时，如果将某个数据字段拖曳至此，就可将该字段作为筛选器来使用。

7. 图形列表框

"标记"下方的下拉列表中可以选择各种图表，如条形图、饼图、甘特图等，选择的图形会作用于视图区。当把字段拖曳至"颜色""大小"这些框中时，该字段就会对应地使用颜色或大小来表示。

8. 视图区

该区域是展现视图的区域，当把字段拖曳至该区域中的"列"或"行"列表中时，就会制作相应的视图。

9. 智能显示图表列表

在此菜单中列出了 24 种不同类型的图形，当我们在视图区制作视图时，Tableau 会自动选择一种最合适的图表来展示数据，如果需要改变自动选择的图表，就需要在此区域选择相应的图表。

7.4.2 使用 Tableau 制作超市销售数据分析仪表板

此部分以超市销售数据分析仪表板为例，介绍如何使用 Tableau Desktop 制作商业智能仪表板，如图 7-9 所示。

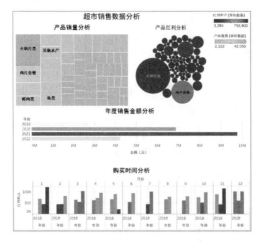

图 7-9　超市销售数据分析仪表板

此仪表板由 4 张视图构成，分别为产品销量分析视图、年度销售金额分析视图、购买时间分析视图、产品红利分析视图。在 Tableau Desktop 中需要先单独制作这 4 张视图，再将 4 张视图组合成仪表板。以下为该仪表板的制作步骤。

1. 连接数据源

第一步：打开 Tableau Desktop，选择左侧的"连接"窗格中"到文件"选区的"Microsoft Excel"选项，在弹出的"打开"对话框中选择"超市数据"文件，如图 7-10 所示。

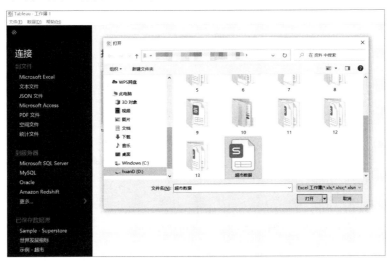

图 7-10　选择"超市数据"文件

第二步：选择连接的文件后，界面左侧显示了当前连接的 Excel 文件中所有的工作表，如图 7-11 所示。将需要使用的工作表拖曳至工作区，并选中"实时"单选按钮，如图 7-12 所示。实时连接的优势在于，当数据源数据更新时，在 Tableau Desktop 中也可以获得实时更新的数据。

图 7-11　Excel 文件中所有的工作表

图 7-12　选中"实时"单选按钮

第三步：单击界面下方"工作表 1"页签，进入 Tableau Desktop 的主工作界面。在工作界面左侧的"数据"窗格中，可以看到 Tableau Desktop 已经自动将所有数据项划分为"维度"和"度量"两种，如图 7-13 所示。需要注意的是，这是软件的自动划分，有时可能会出现错误，需要手动调整，手动调整方式为直接将数据项拖曳至正确的区域。

2. 产品销量分析视图

第一步：双击"工作表 1"页签，将它重命名为"产品销量分析"。

第二步：将维度"产品名称"拖曳至视图区的"行"列表中，将度量"产品数量"拖曳至视图区的"列"列表中，此时可在下方的面板中看到以"产品名称"为纵坐标，"产品数量"为横坐标的条形图。

第三步：单击工具栏右上角的"智能显示"按钮，在弹出的下拉列表中选择第一列第四行的"树状图"选项。

图 7-13　"数据"窗格

第四步：单击"标记"窗格中的"颜色"按钮，可以对当前树状图的颜色进行调整，单击"编辑颜色"按钮，在弹出的"编辑颜色"对话框的"色版"下拉列表中选择"橙色-浅蓝色发散"选项，并勾选"渐变颜色"复选框，将"渐变颜色"设置为"8 阶"。

第五步：单击"标记"窗格中的"标签"按钮，在弹出的面板中将字体修改为 Tableau Book、10 号、加粗，将"对齐"修改为在垂直、水平方向居中对齐，如图 7-14 所示。

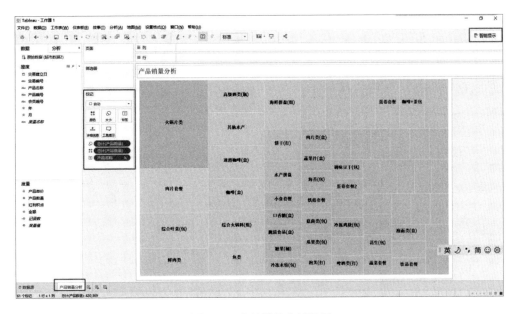

图 7-14　产品销量分析视图

3. 年度销售金额分析视图

第一步：将度量"金额（元）"拖曳至视图区的"列"列表中。

第二步：将维度"年份"拖曳至视图区的"行"列表中。

第三步：将度量"产品数量"拖曳至"标记"窗格的"颜色"框中，使不同的客户年龄段以不同的颜色展示，如图 7-15 所示。

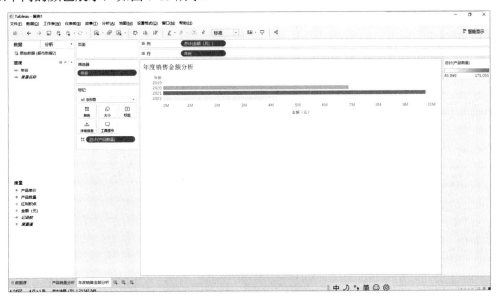

图 7-15　年度销售金额分析视图

4. 购买时间分析视图

第一步：将维度"年份"和"月份"拖曳至视图区的"列"列表中。在 Tableau Desktop

中，可以对时间类型的值进行下钻操作。

第二步：将度量"红利积点"拖曳至视图区的"行"列表中。

第三步：将度量"产品数量"拖曳至"标记"窗格的"颜色"框中，使订单数量的多少以颜色的深浅来表示，如图 7-16 所示。

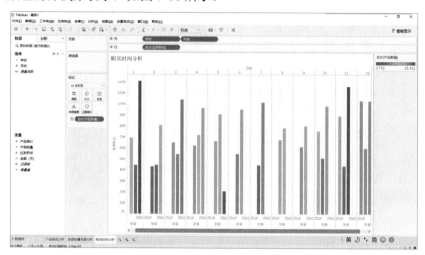

图 7-16　购买时间分析视图

5. 产品红利分析视图

第一步：将维度"产品名称"拖曳至视图区的"列"列表中，将度量"红利积点"拖曳至视图区的"行"列表中。

第二步：将度量"红利积点"拖曳至"标记"窗格的"颜色"框中，使订单数量的多少以颜色的深浅来表示。

第三步：单击工具栏右上角的"智能显示"按钮，在弹出的下拉列表中选择"气泡图"选项，并将"标记"窗格中的"颜色"修改为"温度散发"，如图 7-17 所示。

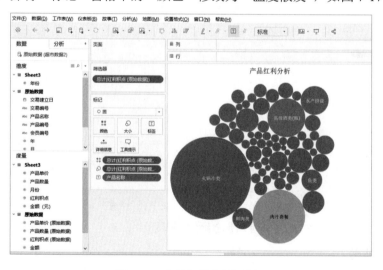

图 7-17　产品红利分析视图

6．合并工作表，生成仪表板

第一步：新建仪表板，将左侧"仪表板"窗格中"工作表"区域的 4 个工作表拖曳至视图区，单击视图区工作表右侧的"更多"按钮，在弹出的列表中选择"浮动"选项，之后可以根据需要调整每张工作表的位置和大小。

第二步：设置格式，通过菜单栏中的"设置格式"菜单统一仪表板和各个视图的背景颜色和边框样式等，如图 7-18 所示。

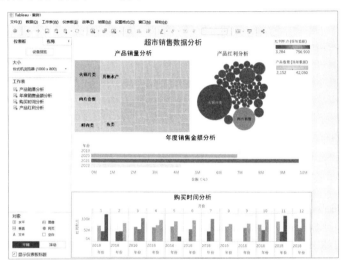

图 7-18　超市销售数据分析仪表板

7.4.3　使用 Tableau 制作图书销售分析仪表板

此部分以图书销售分析仪表板为例，介绍如何使用 Tableau Desktop 制作商业智能仪表板，如图 7-19 所示。

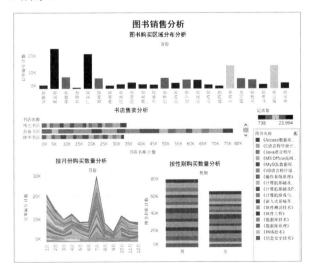

图 7-19　图书销售分析仪表板

此仪表板由4张视图构成，分别是图书购买区域分布分析视图、书店售卖分析视图、按月份购买数量分析视图、按性别购买数量分析视图。在 Tableau Desktop 中需要先单独制作这4张视图，再将4张视图组合成仪表板。以下为该仪表板的制作步骤。

1. 连接数据源

第一步：打开 Tableau Desktop，连接公司图书销售表。

第二步：连接 Excel 文件后，将"订单明细工作表"拖曳至工作区，并选中"实时"单选按钮。

2. 图书购买区域分布分析视图

第一步：将维度"省份"拖曳至视图区的"列"列表中，将维度"订单编号"拖曳至视图区的"行"列表中。

第二步：右击视图区"行"列表中的"计数（订单编号）"选项，在弹出的快捷菜单中选择"度量"→"计数"命令。

第三步：将度量"记录数"拖曳至"标记"窗格的"颜色"框中，使图像根据计数的多少使用颜色区分显示。

第四步：单击工具栏右上角的"智能显示"按钮，在弹出的下拉列表中选择"并排条"选项，并删除视图区"列"列表中的"度量名称"选项。

第五步：将"标记"窗格下方"度量值"窗格中的"计数（订单编号）"拖曳至"行"列表中，并删除"行"列表中的"总计（记录数）"选项。

第六步：再次为视图添加颜色属性，并修改颜色，如图7-20所示。

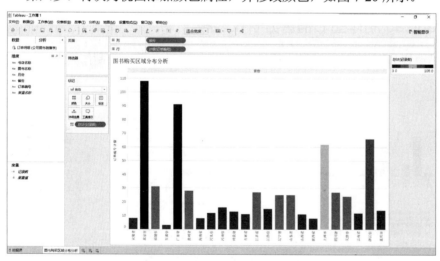

图 7-20　图书购买区域分布分析视图

3. 书店售卖分析视图

第一步：将维度"书店名称"拖曳至视图区的"行"列表中。

第二步：将维度"书店名称"拖曳至视图区的"列"列表中，右击视图区"列"列表中的"计数（书店名称）"选项，选择"度量"→"计数"命令。

第三步：单击工具栏右上角的"智能显示"按钮，在弹出的下拉列表中选择"水平条"选项。

第四步：将维度"图书名称"拖曳至"标记"窗格的"颜色"框中，使不同名称的图书用不同的颜色表示，如图 7-21 所示。

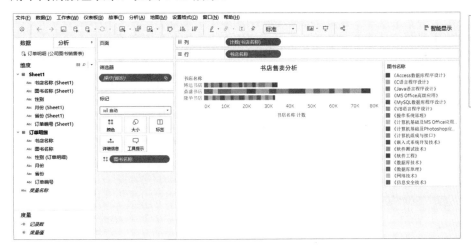

图 7-21　书店售卖分析视图

4. 按月份购买数量分析视图

第一步：将维度"月份"拖曳至视图区的"列"列表中。

第二步：将维度"订单编号"拖曳至视图区的"行"列表中并右击，在弹出的快捷菜单中选择"度量"→"计数"命令。

第三步：将"标记"窗格中的"自动"修改为"区域"。

第四步：将维度"图书名称"拖曳至"标记"窗格的"颜色"框中，使不同图书的销量用不同的颜色表示，如图 7-22 所示。

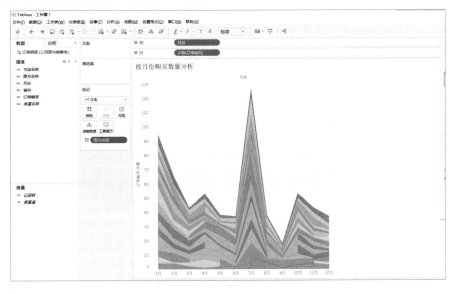

图 7-22　按月份购买数量分析视图

5. 按性别购买数量分析视图

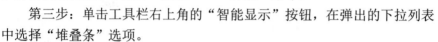

第一步：将维度"性别"拖曳至视图区的"列"列表中。

第二步：将维度"订单编号"拖曳至视图区的"行"列表中并右击，在弹出的快捷菜单中选择"度量"→"计数"命令。

第三步：单击工具栏右上角的"智能显示"按钮，在弹出的下拉列表中选择"堆叠条"选项。

第四步：将维度"图书名称"拖曳至"标记"窗格的"颜色"框中，使不同图书的销量用不同的颜色表示，如图 7-23 所示。

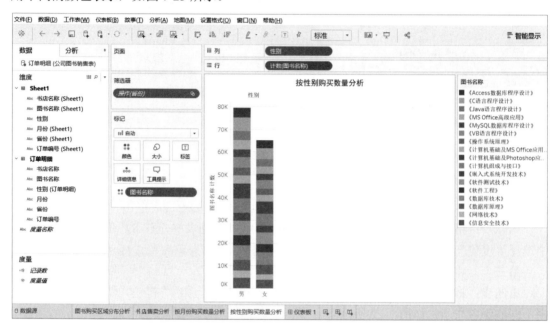

图 7-23　按性别购买数量分析视图

6. 合并工作表，生成仪表板

第一步：新建仪表板，将左侧"仪表板"窗格中"工作表"区域的将 4 个工作表拖曳至仪表板中，单击视图区工作表右侧的"更多"按钮，在弹出的下拉列表中选择"浮动"选项，之后可以根据需要调整每张工作表的位置和大小。

第二步：设置格式，通过菜单栏中的"设置格式"菜单统一仪表板和各个视图的背景颜色和边框样式等。

第三步：为了让仪表板具有动态效果，这里将图书购买区域分布分析视图设置为筛选器。单击图书购买区域分布分析视图右侧的"更多"按钮，在弹出的下拉列表中选择"用作筛选器"选项。

当单击图书购买区域分布分析视图中的某个省份时，相应的书店售卖分析视图、按月份购买数量分析视图、按性别购买数量分析视图会动态改变为这个省份对应的数据视图，如图 7-24 所示。

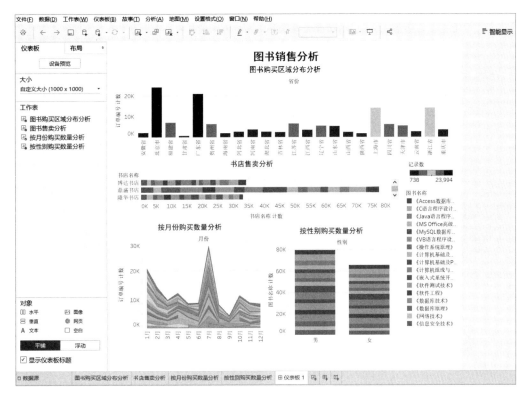

图 7-24　图书销售分析仪表板

通过以上仪表板的制作，我们可以体会到 Tableau Desktop 的方便快捷，通过简单的拖曳及设置，就可以完成动态仪表板的制作，并且可视性很强。

1．对比 Excel 和 Tableau Desktop 的优劣势。

2．结合本书素材文件中的企业案例数据——在职员工信息表，使用 Excel 制作员工分析仪表板。

3．结合本书素材文件中的企业案例数据——2022 年 1～3 月××社区店洗护商品库存变动明细表，使用 Excel 制作库存分析仪表板。

4．结合本书素材文件中的企业案例数据——××分店销售明细表，使用 Tableau Desktop 制作销售分析仪表板。

5．结合本书素材文件中的企业案例数据——2022 年四川分店销售情况，使用 Tableau Desktop 制作 2022 年四川分店销售分析仪表板。

参 考 文 献

[1] 张文霖，刘夏璐，狄松. 谁说菜鸟不会数据分析（入门篇）（纪念版）[M]. 北京：电子工业出版社，2016.

[2] 沈浩，王涛，韩朝阳，等. 触手可及的大数据分析工具——Tableau 案例集[M]. 北京：电子工业出版社，2015.

[3] 张杰. Excel 数据之美：科学图表与商业图表的绘制[M]. 北京：电子工业出版社，2016.

反侵权盗版声明

电子工业出版社依法对本作品享有专有出版权。任何未经权利人书面许可，复制、销售或通过信息网络传播本作品的行为；歪曲、篡改、剽窃本作品的行为，均违反《中华人民共和国著作权法》，其行为人应承担相应的民事责任和行政责任，构成犯罪的，将被依法追究刑事责任。

为了维护市场秩序，保护权利人的合法权益，我社将依法查处和打击侵权盗版的单位和个人。欢迎社会各界人士积极举报侵权盗版行为，本社将奖励举报有功人员，并保证举报人的信息不被泄露。

举报电话：（010）88254396；（010）88258888

传　　真：（010）88254397

E-mail：　dbqq@phei.com.cn

通信地址：北京市万寿路173信箱

　　　　　电子工业出版社总编办公室

邮　　编：100036